为了人与书的相遇

造境记

[曾仁臻] 鱼山 著

广西师范大学出版社
· 桂林 ·

图书在版编目(CIP)数据

造境记 / 鱼山著 . —桂林：广西师范大学出版社，2019.3（2022.1 重印）

ISBN 978-7-5598-1582-8

Ⅰ.①造… Ⅱ.①鱼… Ⅲ.①建筑画 – 作品集 – 中国 – 现代

Ⅳ.① TU204.132

中国版本图书馆 CIP 数据核字 (2019) 第 013631 号

广西师范大学出版社出版发行

广西桂林市五里店路9号　邮政编码：541004

网址：www.bbtpress.com

出 版 人：黄轩庄

全国新华书店经销

发行热线：010-64284815

山东临沂新华印刷物流集团有限责任公司

开本：710mm×1000mm　1/16

印张：24　字数：37千字　图片：252幅

2019年3月第1版　2022年1月第4次印刷

定价：118.00元

如发现印装质量问题，影响阅读，请与出版社发行部门联系调换。

目 录

序言

盛夏八月，理想国编辑应邀来我的工作室聊天。茶谈过半，编辑提出，能否为我的画出版一本合集，包含不同阶段不同系列的作品，并希望我谈谈创作过程的所思所想，以及不同系列作品之间的内在联系。一时之间我颇感犹豫："还远没有到老朽之年，怎么就要开始总结人生了呢？"

聊下去，才恍然明白，其实是我自己造成的问题。编辑说，他们印象里好像有两个人：一个叫"曾仁臻"，他是建筑师，一个理工科出身的喜欢中国古典园林并专心于造园研习的人。这个年轻人创作了大量与山水园林有关的绘画作品，名之以"幻园"。他有点执拗和认真，师友们也逗趣地唤他为"真认真"。另一个叫"鱼山"，喜欢画各种山间、草间或字间有人物生活嬉戏的奇趣小画，令人脑洞大开。他将画都挂在网络上，以"鱼山饭宽"之名玩世自娱，常逗得网友们捧腹大笑，疑之为古怪老人。这两个不同的人，似乎少有人清楚他们的关系，也少有人说得清楚这许多不同面貌的系列小画究竟有什么内在的联系。因此有了编这么个合集的动议。

原本我是刻意要把这两个角色分开的，不同风格、不同内容的系列也都各自成书，各说各话，作者署名也不同。这种有意区隔，对划清我的创作和思考有所帮助，但执笔赋墨的毕竟是同一个人，无论精心研习之作还是游戏笔墨，到底有自己一贯的意趣，把这些风格各异的画作束为一集，能够呈现出什么有意思的东西吗？我也不免好奇起来。

我画画的初衷，不过是作为造园设计的思维训练、理法梳理。古人造园大都师法于山水画，具备山水画的鉴赏能力或创作能力对造园理景十分重要。可以说，山水画为造园设定了境界与诗意的标准。山水画卷、画册，在某种程度上类似我们现在建造工程项目时需要参照的设计方案图纸，当然，它只是意向图，而不是工程效果图。我从绘画创作入手研究园林，以身试法，去印证古人"以山水画为摹本"来造园的经验，寻索造园所追求的自然栖居诗意，以求能获得文献阅读之外的收获。除了画画，近几年对古典园林、山水名胜也有了大量的游历，这些经验不免融入我的绘画，使画境更真实可信。

中国古典园林是一个综合了各种传统文化艺术的生活场所，诗、书、画、印等都包含其内，这四艺也是文人画家主张兼修兼能的，甚至琴、棋、曲艺都需要有所了解。我资质愚钝，不通音律，但其他方面都在尽量学习。除了画山水园林，也尝试画各类生活日常、奇闻逸事、花花草草，以填补生活阅历、自然观察的不足，也督促自己多读诗写诗、练习书法、治印刻章。

如今摆开检阅一遍，自己的各种画作，基本覆盖了和园林关系密切的一些东西，如建筑、家具、器物、山水、树石、花草、瓜果、鱼虫、禽兽以及风云雨雪等自然物象，其中也包含了诗、书、画、印和人事往来、居游生活。不同系列的创作虽然各有内容的侧重，但看起来还算是相映成趣。

硬要说这些画作中有什么一以贯之的东西，或许可以说是对于"身体入画"的思考。我所画的幻园、山间、草间、字间，都可以理解为童寯先生说的"别辟幻境"。虽为幻境，但我始终会考虑如何把人物的身体放入其中，并关心身体在入画之后，与山石树木的相互关照，与花草鱼虫的彼此呼应，与字形笔画的姿态关联。起初画这些人物是为增益对造园一艺的理解，但画画自身的乐趣也逐渐在笔墨之间跳荡起来，那些画中人物不再只是助我丈量空间、造园理景，而像是有了自己的生命，生活在这一出出幻境之中。

　　虚构这些画境，自然与真实的造园还有距离，或可勉强称之为"造境"，以画笔造可居可游之幻境，造可大可小之奇境，造可玩可闹之趣境，造可思可迷之诗境。合集也收录了自己在创作各类小画过程中的一些感受、思考和见闻。我向来疏懒于撰写文章，绘画自有文字难以言说的开放性。勉力为之，是借机梳理一遍自二〇〇九年第一次去苏州逛园林，与园林结缘近十年来的有关绘画与造园的细碎思考。

　　在完成这本合集所录画作的几年里，虽然说不上岁月蹉跎，但我想用小小"幻园"来抵抗现实世界的挤压蚕食，孤独感和压力还是会有的。不过还好，按童寯先生的说法，中国的园子都"富有生机与弹性"，最不怕山高水深，越高低曲折反而会折腾得越起劲。如今回头看看，尚能一直有所秉持，至峰回路转，由晦而明，且我现在可以安然眷守画画与造园的夙愿，多亏了给予我指导建议、支持鼓励的各位老师、同学和亲朋好友，在此向他们道声感谢！也感谢为这本书的出版付出辛勤劳动的理想国的诸位编辑朋友！

幻

园

入园盘桓，游赏居止。园林是对自然山水的描摹和诗情画意的经营，本来就是一个「有真为假，做假成真」的幻境。画中的幻园，有大有小，或远望整体，或内观局部，既是想象中的园林，或许也是一个个可以跃身坠入的迷境。

「幻园」与现实是被我有意识地拉开了一定距离的，但它又不是虚无主义的。它是我心中一种可能实现的「愿景」，为我以后的建筑或者造园实践指引道路。在这个有意拉开距离的「幻境」与「实境」之间，我尝试尽可能缔结多样的关联，在其中布置山水，经营空间，描绘人与树石，创造一个介于抽象与具象、幻想与真实之间的平行交流世界，而不是将其以「真一假」对立呈现。幻园也有其过程性和纽带性，它热切地关联着实际的生活和经验，也并没有要走向完全虚幻和抽象的兴趣，而是游弋于二者之间。

幻

〔二〕

我生长于湖南永州，家乡多山，小时候常去山里逛，也习山水画，喜欢山水是挺自然的事。后来学建筑，接触到古典园林，它与山水相近的气息使我感到亲切，就把研习的重心定在了园林。在此之前，我对人的居住环境怎么样才算得上美好缺乏想象，是园林让我开始思考人应当如何诗意地栖居自然，对自幼熟悉的山水和山水画也开始有不同的理解。

寻找另一种山水

二〇一四年年末起，我开始大量阅读中国历代山水画，筛选可以在经营"山水园林"时借鉴的样本，其中大多数是古画中的局部片段。这种入门方法像极了石涛说的"搜尽奇峰打草稿"。只是这奇峰奇境不是在真实的自然山水里，而是在历代庞杂的山水画作品里。

由于学建筑，我对已有的中国传统山水画的选取吸收，并非基于"名家遗作"、"笔墨"、"构图程式"等角度，而是就画面本身，在"空间关系"、"位置经营"、"人物活动"等方面有特别的挑剔。以此为基础，模仿或重构自己认为有奇趣的山水画境，希望可以让"山水"重新活泼起来，有新的面目和生机。

我较早关注的是明代的山水画，尤其是沈周、文徵明的部分作品，大学刚毕业不久就曾与他们打过照面。当时住在北京西城一个狭小的阁楼里，每天下班回家后，便盘腿在床尾不足一尺宽的桌案前，扶着巴掌大的册子，恭恭敬敬地临摹沈周的《东庄图册》和文徵明的《拙政园三十一景》图册。现在再看那时的成果，虽然心静意诚，但临摹方法不对，小笔用得琐碎柔弱，终与沈、文简明沉稳画风的胸臆不符。这也是我现在不大喜欢清代多数像在描眉画眼的山水画的原因：精力都集中在精雕细刻的漂亮活上了，哪还有时间思考画外的大问题？很多画得极细致的界画，看似应该符合一个建筑师的胃口，但却少有能感动我的、有启发性的空间经营，和对人与自然山水关系的新认识。

明代山水画整体呈现出一种既活泼又庄重的面貌，有情趣，有理悟。尤其吴门画派，多重视空间排布，开阖有度，结构平稳中有奇变，也很重视描绘山水、园林中人物的真实活动。这或许和沈周、文徵明等文人常年生活在苏州这样的"城市山林"有关，将许多江南地区山水居游生活纳入山水画，引领了明代山水画的发展。而不像宋元更偏爱描画山水本身。吴地大量私家园林的兴起，以及方便出游的近郊山水名胜，使他们总是有兴致把遭遇过的风景连同人物活动一起，用简明的画笔记录在长卷或册页上。这样的记录，对我而言，自然是多多益善了。

可能因为接触较早，心性相近，沈周对我的影响多一点。沈周三十岁左右开始画画，早期的山水画布景繁复，结构严谨，都是盈尺小画，四十岁以后才画大幅，风格逐渐由细变粗，由繁变简。他画画喜欢用粗笔，山水景致的排布注重疏密开合，虚实藏露的空间感也比较好，能在清正平稳中求取奇趣。沈周能打开明代山水画的新面貌，或许便得益于他最初十年的盈尺经营，不急不躁，慢慢把画画的各种问题都想清楚，方见自家格局。我这几年一直坚持画小画，偶尔画一两张大点的，就是认为早期创作更重要的是思考，而非技法。

身体入画

最初，我将搜罗来的山水画片段尝试做简单的演绎，区分出山体的内外开合或路径的上下来往，也点以人物和树木，水则都以留白表示。但当我将新出炉的第一批画，开心地拿去与深研园林的董豫赣老师讨教时，万没料到，收获的是一顿严厉的批评："树为什么要搁在远离行人的山头，不能遮蔽身体并关照到人，难道是插的旗杆吗？路为什么要这样曲折？人行走其中会愉悦吗？……你是个建筑师，要考虑到人的感受！而不是把画画得看上去漂亮就心满意足了！"我面红耳赤，口吃难辩。面对董公的严厉追讨，一面心里委屈，觉得小画也算独特，为什么全是不对呢？问题真的很严重吗？一面又觉得董公如此苦口婆心地指点，必定有其强大的道理。

后来我才明白，这个道理就在于用造园者的视角，重新审视诸如山水画创作中不遵循山水"必取可居可游之品"画理的流弊。"可居可游"就是说山石树木等要素安排都要关照到人，关照到身体的行游居停。这个道理看似简单，也容易记住，却往往在追寻画意时容易忽视和失准。

现在回想，与董公相识已经十多年，他对我的一些顽疾应是十分了解的，总要痛下杀手才能治住。而那一次围绕山水园林中各类物象与身体关系的争论，也让我在追逐"形式要素构成"的歧路上悬崖勒马，并逐渐确立了后续创作的核心："身体入画"。此后几年，董公为警诫其他人莫入歧途，也偶尔拿出我最初画画不得法门的例子棒喝一顿，并加倍讽刺。我每次听闻，仿佛又见当初劈面而来的刀光剑影，但已不觉得懊恼羞愧，只是开心。

当理解到身体与山水树石关系的重要性后，除了在山水画中搜罗那些别致的局部环境，也开始遍觅人迹，特别分析人物呼应自然物象的各种姿态，以及诱发身体活动的原因。后来创作便尽量使树石可以关照、遮蔽人的身体，使有"居意"，比如人物常栖身于树亭之下、岩穴之内。

再后来，偶然读到明朝初年医生兼画家的王履晚年登游华山后所作的《华山图册》，深为盈尺方幅中巧妙的结构和精彩的人物活动所拜倒。我也越发肯定地知道，好的山水奇景，必须有也必然有人的身体姿态来匹配，才能彰显山水的独特个性。山有高低平险之态，人就有俯仰攀爬之姿。

现在，我看一幅山水画时，渴望看到的是"不失其本意的山水画"，是宋人郭熙讲的"可居可游"、有欲望进入游玩的山水画，而不是将人的身体拒绝在画外——那只是视觉的平面，而不是经验的空间。所以，看清初画僧石涛笔墨淋漓的大多数画作，我也看不出什么收获来，直到有一天，发现他画的几幅写生纪游性质的黄山图中，点了几个半身隐现于云山中的小人，觉得很特别，这在别的画里很少见到。

我为此专门去爬了黄山，亲身体验到的比在画中理解的更为美妙。也越来越喜欢贾岛的那句诗："只在此山中，云深不知处。"山中的的确确有人迹，却又不明明白白地给你看见，就是要实实在在地勾引你的想象，让你亲身进入云山中去寻找。画得很少，却道出了不尽的空间和时间感受，我把这称为"云中事"。它以"身体"藏露来暗示空间的"断续"，有别于我们习以为常的布景方式。"幻"系列的创作中我借用了多次，它也影响到我后来不同系列的画中对空间"断续法"

的思考。

　　另有一位清代画僧弘仁，也有几幅好画，那些人迹难至的山体，他只是简单勾勒，却用细致的笔墨描画山水中"可居可游"之景。弘仁这种留意于"人迹"的经营方法，我特别称作"空满"，与更关乎形式的"疏密"、"虚实"、"繁简"区别开。在大的山水里，如何经营小的人物活动和他们所遭遇的小环境，弘仁的这种方法是值得借鉴的。我也悉心领受，并在作品中有体现。

小画，也是一种研究草图

这些小画简简单单，或许可以当作小品来玩味吧。我创作它们的时候，也像是在绘制和造园有关的研究性草图，一边勾画一边推敲问题，不苛求工整，在意的还是一步步去探索的趣味。

就画画的视觉呈现而言，这个系列以线条为主，勾勒出山石、树木、人物、家具、建筑等物象的形态，再施以简单的颜色。尤其是红色的山体或山石，一直贯穿在后续的创作中。是有意突出它，强调它所承担的"幻象"任务，既像真实的，又像非真实的，和园林中的"假山"接近。

就画面空间的布局而言，我一直将主景四周做留白处理，象征宽广的水面或空阔的地面。画面中心的孤景、孤境、孤品，似一处要泛舟腾云才能偶遇的"海外仙山"。但这并非出于美学的考量，而是基于建筑和造园的立场。大多数情况下，建筑或造园都有一个用地范围的问题，既然我把绘画当作设计研究的方法，每一幅巴掌大的小画，就应当是一个独立的设计，有相对明确的可控制的边界。这个用意，在"幻"系列第一个阶段或许还不太明显，在第二个阶段就一目了然了。

至于绘画的技巧，总归是一个由生疏到熟练的过程。我很少去担心技法问题，很少去穷究笔墨或讨论风格，只是沉浸在思考创作和想象画境的无穷乐趣之中。有了新的想法，就赶紧画出来。

这幅用尚且笨拙的笔触勾勒的小画，

是"幻"系列最初的画作之一。

它只交代了很少的信息，是一个独立的小品。

画中白衣先生在竹廊下兀自低头走着，

走在一个将要无尽循环下去的孤境里。

在"幻"系列中，
我始终不敢忘记的一点是，
要把身体舒服地安置在自然中，
使树石的位置经营有居意。
以这幅画来说，
树木仿若凉亭，
石头可以作为依靠的屏风，
洞窝可以作为烹茶的灶台，
整组山石片段的造型看起来像一艘移动的画舫，
是可以生活其间的居所。

传统绘画中，

山水中的人物多数是喜好静雅的文人、士大夫形象，

通常形容枯槁，

只有坐、卧、行等几种单调的身体状态，

看多了，画多了，也觉得无趣。

在真实山水居游中，

人的活动是极其丰富的：

爬树、攀崖、摘果、捉鱼……

何不将这些入画呢？

于是，

住在我画中孤寂山水里的先生和童子，

一个个都慢慢活泼调皮了起来。

石涛的黄山图中有几个半隐于云山的小人，

使我很受启发：如何表达画面中不可见的存在？

这幅图是早期所画，

创作目的很明确，

画面也简单：分成上中下三段，

上段和下段非常清楚，但中间隐约断续，留出想象空间；

把两边的路径画成平行，而不是曲折有致，是想强调，

看似平行的东西，

在看不见的空间里可能隐藏着很多变化。

树窟里别辟一个洞居的幻境，

以小藏大，所谓别有洞天。

很多笔记小说里都有这类想象，

比如《南柯太守传》里的槐安国，

就是一棵古槐树上的蚂蚁洞，

在洞里可以娶妻生子，

经历人生的一切悲喜。

这种想象非常有趣，

有趣在于小中见大的反差，

合理在于经验的相似。

这幅画是送给一位老师的。

画中人在很勤奋地书写，这是我对老师的印象，

还布置了一棵大树，关照他的身体。

但这棵树穿过月洞门，也遮蔽到了更远处的小人，

石桌往外延伸又成为山的一部分，

墙的角线也没有画出，

有意模糊掉内外、大小和远近关系，

有点时空迷乱的幻觉。

或许可以随着画中的小路来看这幅画，

就像看传统中国长卷那样，身体进入情境，

这时候大小、远近、内外这些看似对立的关系都在变动，

但树木山石的大小转换跟人物的活动都是匹配的，

因此统一在一张单幅的小画里也不突兀，

整个画面好像形成一个循环。

既有现实的身体经验，又和现实拉开一定的距离，

这就是我想营造的幻园。

幻

[二]

　　画画之于我，大多数时候都算不上轻松，尤其是"幻"系列第二阶段这种极费眼力的小画，从早到晚坐在案前，细笔慢磨，苦苦构思，其实工作是单调的。可能因为我是个倔笨的性子，总要把想好的事情都做完了，没有挂念了，力气消耗得差不多了，心里才踏实；又不甘于一直只做苦力活，总想从中找到更多思维的乐趣，提出并解决一些有意思的问题才算满足。画这些画，就变成一种苦中寻乐。

看园子

第一次去江南看园林，是在二〇〇九年的夏天。和当时就职百子甲壹建筑工作室的同事以及北大建筑学研究中心的几位同学，随同董豫赣老师，去苏州和无锡访了几处园子。前不久，正在研究苏州园林的周仪博士看到我当年拍摄的一些照片，评价是："歪七倒八，不堪入目！"我一向自认为拍照还不错，不大服气，于是又把当时拍的园林照片翻出来看了一遍，果然，自己也觉得这些"不懂怎么拍园林"的照片确实好笑得很！说是不懂怎么拍园林，其实是还不知道怎么"看园林"。二〇一四年我辞了职，趁着"烟花三月下扬州"的最佳时节又去了江南。出行前，再次拜谒董豫赣老师，请教看园林的方法。董公嘱咐我多拍摄一些从室内看室外的角度，也就是要重视"由内观外"。

这种观法需要人经常从明亮的外部自然环境，切换到相对晦暗的居留空间，像生活于园中的主人一样，将游走的身心安定下来，少走多停。当人身处堂轩亭榭之中，或在石窟内，在树荫下，眼睛所见由晦及明，身体也会被外部的风景再次吸引，勾起重新起身游走一番的欲望。这与我以前游园时一直忙于奔走拍摄明亮外景的感受截然不同，它更接近造园的目的：为园林主人提供既可游又可居的栖息场所——而不是匆匆浏览一遍就离开的公园。

二〇一四年春季的园林游历持续了整整两个月。我独自按童寯先生《江南园林志》一书收录的一九三〇年代的江南园林，由北向南，挨个看了一遍。据刘敦桢说，童寯当年正是目睹园林旧迹凋零，担心中国造园一艺会很快消失，才利用工作余暇，遍访江南园林，测绘拍照，发愤完成了《江南园林志》。我想他当年在交通不便的情况下尚且可以多年坚持，自己也没有懈怠的道理。从南京开始，往返于长江东段南北大小市镇，入淞沪，西折苏州，再环游太湖，后从苏州下到嘉兴、杭州、绍兴、宁波各地。除童寯书中所录或存或废、或整或残、或已经完全消失的旧园，也搜罗出一些少有人知道的园林或规模较小的庭园，大大小小看下来，已逾百例，简直是掀地毯式的寻访。

那两个月看园林，一方面是看园子里的自然情趣，山池的情貌、树木的姿态、水里的游鱼、石头的形质、花草的香色等，看它们是如何经营的。有的园子喜欢养荷，有的园子偏爱种竹，这都是各自的特点。另一方面是看建筑布局上的趣味。比如留园，由外到内是先抑后扬，窄的地方层叠曲折，宽的地方山池疏旷，空间明暗交错，行游庭院中有时像在迷宫里一样。再比如苏州的艺圃，那么大的水榭（延光阁）长跨在水面上，尽揽山池全景，是艺圃留人最多的地方。我们几个朋友称之为苏州的小客厅，聚会都去那，喝喝茶，待个半天。再来是看园子的性情。喜欢艺圃，也因为它格调清逸，白墙灰瓦，陈设简约，没有太多装饰，像一处闲散生活的居所，是典型的文人园。相较来说，商贾园更注重雕饰，像扬州就集中了很多商人的园子，讲究排场，他们建园子的目的，更多是作为一种社交场所。

常有人问我最好的园子是哪个，其实没有绝对的标准，造园手法可能有高低，但园子本身的气氛，它的历史背景、文化品位，都会积淀成一个园子特有的气质。园如其人，性情相近，就对上了。园子不管有名气还是没名气，各有长短优劣，对我而言，重要的还是学习它们的长处，辨识它们的不足。遇见喜欢的园子，会待很长时间，品评各处优劣，并作测绘记录；遇见旧园废墟，则揣摩山池遗迹的格局，构想可能的亭榭桥廊排布的情景。这让我后来在驾驭山水、树石、桥亭等园林词素的时候，多了一份灵活与肯定，不用太纠结物象连接排布的真假对错问题。在"幻"的第二个阶段，多有现存江南园林佳构的痕迹，它们就是这一趟园林之行慢慢消化的结果。

观内之法

这几年，时有建筑师同仁出于好意，建议我用绘制建筑剖面图的方式来创作"幻园"。我总是犹豫不决。并非没有认真想过，但总觉得这些画与设计制图还是有很大的差别，不宜混淆。画剖面图，是把空间内部事无巨细地直接呈现，在真实建造的时候是必要的，虽然也有趣味，但还是偏向技术性的需要。而画"幻园"，也有要交代内外关系的地方，也想要看见墙后所藏纳的园景，却未必一定要袒胸露怀，一览无余。如果能激发起看画的人对园内景色的想象，就是有效的。数年研习中国古典园林后，似乎我慢慢没有了大大小小都要剖开来分析的西式习惯，更喜欢读画外之意，尝试将"内外"视作一个整体。

中国人自有一套"观内之法"，更强调身体经验的关联暗示，身体不断移动的游赏，以及对内外的想象。很多园林也会有意识地利用这种想象的"不确定性"，经营出"外部观想"与"内部真实"的巨大反差，形成奇趣。比如，园门之外看园，窥探园内几处漏出的信息，以为里面只是平缓的山林小坡，推开园门踏入园内，却赫然发现自己身处深壑幽谷之中；又比如，入园先是羊肠曲折，以为内部必也局促，谁知由晦转明，豁然开朗，山池连绵不绝百亩，如误入桃花源境。这些都巧妙利用了人们习以为常的经验感知，加以反转，显出园林内外之别。

之所以喜欢苏州沧浪亭，一个重要原因就是它囊括了外面的一大片水面，内有山林外有河水，游赏时可兼得内外高低。每次入园之前，我都要在园外水池北岸来回走一两次，隔着水面细细观察南岸那总长度约一百五十米的曲折以树、石、亭、廊、轩、榭、大门及各式漏窗的临水园墙，活像是在展阅一幅山水园林图画长卷。这是沧浪亭最迷人的地方，它在园墙上做了很多工作："漏景"、"泄景"、"框景"、"串景"，隐约断续，暗示墙内可能的动人景致。外景可行望，内景可游赏，好园子就得这样，有内有外，有足有缺，才算完整平衡。沧浪亭可以说是兼得了内与外的观法。

画"幻园"的时候，最需谨慎小心的也是对洞口的推敲安排。哪里露，露多少，山石是举是伏，树木是横是斜，人物是远是近，所画形势不同，暗示出的内部园景也不一样。即使没有掀开屋面，也没有脱掉墙皮，内部关系依然可以通过洞口等空隙透露的消息想象；而触动有效的空间想象，无论对画画还是真实园境，都是应该宝贵的东西。

隔水远观，沧浪亭的园景和我所画的很多园子，颇多相似——都是先围景，再漏景，并以水面隔开看似周整的园境。难道真的是因为对沧浪亭太熟悉了吗？园境与画境的相似，是我创作之前未曾料到的，且恭请其作为"幻园"的最佳参照吧！

是山水，也是园林

除了园林实景的影响，另外一个滋养"幻园"创作的源泉，是对山水名胜的大范围察访。

受赐于历代帝王、文人骚客及宗教信徒，许多山水已被不断改造、美化乃至神圣化，风景之外，人文遗迹的多样和丰厚也非一般园林能够比肩。山水又皆为大物，远离城市，受战乱兵祸影响较小，大的面貌基本没有变过，所以游山过程中还能看到千百年前的摩崖石刻、磴道窟室以及塔台殿阁，与历代的诗人、画家不期而遇，共处一样的美景。但是现在能看到的明清时期遗留下来的园子，很多都是毁殁重修或大量改动过的。可以理解，为什么真实生动的山水名胜才是园林兴造的愿景，才是山水绘画的模仿对象。

中国传统山水名胜的构景与园林中经营"假山水"，理法上脉源相通，都是在创造"山水居游生活"发生的场所。结构上二者也极为相似，或者可以把山水理解为一种"景与景"之间被张拉放大了"行游距离"的园林。

园林中的"居游"问题，以我的愚见，除了讨论历代山水诗文、山水画，还需追本溯源，多讨论真实的山水居游生活。很重要的一点，"居游"是一个"身体性"的词，而非图像性的。园林不能只夸谈看上去是否漂亮，而应多进入真实山水中积累身体经验，如此才不至于只有单一的"如画"观感，而缺乏在真实山水中所体验到的如嗅觉、听觉、触觉、温度、湿度以及兴奋、疲惫等多样而美妙的"入画"感受。

　　基于这样的思考，我在"幻"系列第二个阶段创作的后半段，经常将山中所看到的实景请入画中。有的实景，位置经营很独特也很有代表性，便学习其布置，重构新境。如虎丘剑池的"桥／洞"关系、苍岩山桥楼殿的"桥／谷"关系。有时候觉得实景已足够好，就索性直接入画，只略做简化。如在清源山所见的各式岩台景构，雁荡山所见的几处峰洞殿阁，都能借山形特点巧妙经营出宜人的居游构筑，"虽由人作，宛自天开"，无须再多费思量，便照样画了。

　　这些"幻园"也一如此前，都是四面留空的孤境。有的是人力与天然相借相依，各据一半；有的是一个独栋建筑或一簇庭园组团。这类远观像小孤岛一样的、山体与建筑交织糅合的园境，现实中也有例子：嘉兴南湖的烟雨楼、扬子江的小孤山（今已乱改乱建，不复旧观）、镇江的三座江山（京口三山的金山、北固山，原来都在江中，如今已与陆地连接，只剩焦山还需渡船到达）、绍兴羊山的石佛寺等，都是借独占地利的山水形胜来营构孤境。

　　"幻"的这个系列，不再只是山水、树石这些自然物象的词语组合，而是加入了围墙、立柱、屋顶、窗洞等各类建筑的词汇。虽然保留了一些古典样式，如月洞门或船山屋顶，但更多是基于现代建筑技术，如大跨度的空间、大尺度的悬挑、巨型支撑体或巨大的墙洞。也许看上去在功能和使用上还未能完善周到，但也算提供了一个当下时代可能构结新境的方式；而有些画中表现的空间结构，是以目前的技术也无法很好解决的，只是未来建筑和造园的一个可能。

　　无论是面向未来的虚拟建造，还是与现实保持了一定的关系，画中所呈现的场景，有意模糊掉了"古／今"、"传统／当代"这样的时间界定，只想让人沉迷在建筑与自然山水共同缔结的情境里，忘记那些已经习以为常的时间标签。

在"幻"第二个阶段，

我思考的核心是如何把理解的山水转化为建筑的语言，

如何让人在建筑中的活动和在山水中的活动仍然呼应。

这幅画是较早期的尝试，

用建筑模拟山体，

同时把山水中一些特定的要素，悬瀑、水潭、树石，移植进来，

使它们和建筑之间的高低上下内外开合关系，

也像发生在真实的自然中一样。

每次逛园子，

如果园墙上开了一些有意思的洞，

我都会在外面多徘徊一下，

看看它到底想通过洞口让我看到什么。

其实，游园就像和人交往一样，

先从远处观察，再慢慢深入了解，

一点一点认识才有余味。

这种观内之法，中国人很喜欢用，先起墙，屏蔽外面；

但是又要开洞，透露一点儿内部的消息；

洞口也不是随便乱开，很有讲究，

想要让你看到什么，就通过洞口来告诉你，

但仍然含蓄可疑。

这幅画上开了四个洞，

每个洞都透露了一些曲折关系，暗示园子里的可能性。

最后我在门口画了一个小人，正在前后观望，

就像我自己逛园子常干的那样。

这幅画是对泉州清源山一处岩洞的模仿。
它是一个弯腰侧身才能进入的小洞天，
藏在峰岩上方的空隙处。
我喜欢它和山体之间的藏露关系，
穿行入洞时，晦暗曲折，
进得洞中，豁然开朗。
因为地势高，站在洞前可以远眺泉州城，
上有大树荫蔽，适足舒展眉目。

神仙在此

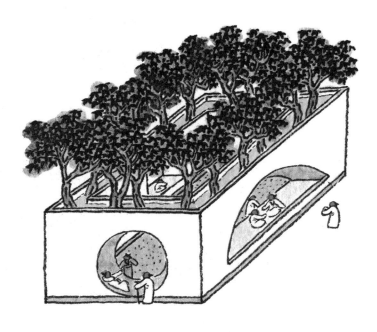

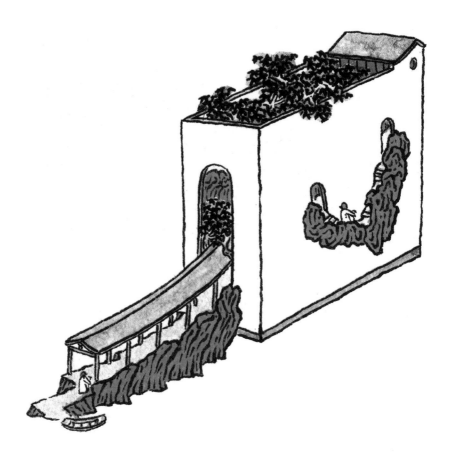

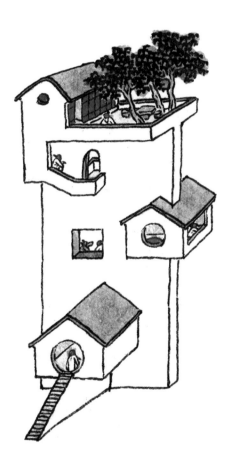

"葛稚川移居"是中国传统绘画里喜欢的与隐逸山林有关的题材，

元代王蒙也画过，

在他的其中一幅《稚川移居图》里，

画面被分成三段，

下段明确交代了人物从何处来，

上段交代了他要移居的地方，一个桃花源似的山居世界，

但是中段的路径藏匿在山体里了。

通过这样的三段式处理清楚分出了山体的内外，

只知道从山外来，进入到深远的山内去，

怎么去，不清楚。

近来我很喜欢这幅画，

我认为这种三段关系可以借来处理建筑的空间关系，

来处和去处交代清楚，

遮蔽中段，

留下一段被想象的路程，

使时空的距离被慢慢拉长。

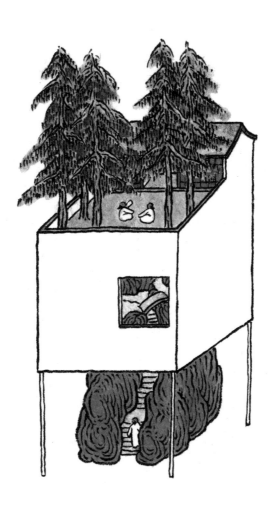

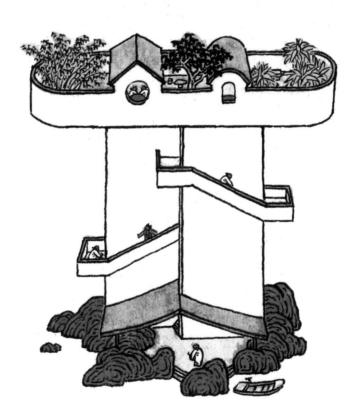

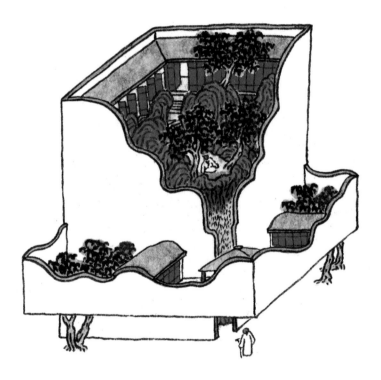

这幅图乍一看最让人感到惊奇的，

可能是大悬挑的结构，

这在古代没有办法实现，得钢筋混凝土结构才可能做到。

但我要表达的还不是技术，而是在琢磨云墙这件事。

云墙在建筑中很常见，可惜的是，

大部分真的只是围墙，简单借用了云的造型，

一个视觉上的符号而已。

事实上，云是流变的，

当人行走在云山中，

眼前所见被云断断续续遮蔽，

这种情态非常有趣。

我琢磨的就是如何用云墙营造出一种和云山相似的氛围，

有云流动的形态，也有断续的空间感。

这个大悬挑实际上想体现出云往外抛时的流动感，

一片云从云团里甩出去，

甩出一个可以居游的地方。

红

    第一次见到董豫赣老师，是二〇〇六年，在刚竣工的清水会馆里。那年夏天，我正在北京做建筑专业实习，还没参与过实际的建筑营造，猛然见到这样一座既现代又处处透着传统园林趣味的、完全用红砖建造出来的、空间错综复杂的庭院建筑群组，确实可以用"震撼"来形容。原来房子还可以这么玩！

    "红"系列选择用红砖作画，最早就是受了董公清水会馆以及红砖美术馆等建筑的影响。后来，在彭乐乐、黄燚所主持的百子甲壹建筑工作室工作期间也参与了不少红砖建筑的项目；还曾作为参与者之一，完成了"向京 + 瞿广慈宋庄雕塑工作室"的设计和建造，也是一个红砖房子，这也是我画"红"时经常使用大面积漏砌花墙等手法的起因。

    "幻"思考的是山水和建筑整体，偏重大的格局经营；"红"思考的是内部空间和人物活动场景，偏重小环境内的身体活动与空间关系，好像"幻园"内的生活场景片段。

建筑本身，也是可居游的山水

人们有了对城市中狭促羁累生活的不满足，才有了对"透口气"的山水生活的向往，于是，对山水实境的"传移模写"，叠山理水，做假成真，慢慢有了可以日涉成趣的"城市山林"，使亲近山水成为一种生活日常。园林，不仅是模仿山水形式，更是模仿山水居游的生活方式。"红"延续了传统园林"曲折幽深"的造园思路，尝试以现代建筑空间语言来模仿山水，经营出一种理想的山水居游场景。

我用了两种方式。一种是直接模仿江南古典园林，如苏州留园、艺圃的墙垣区隔与开洞方式，使建筑与自然山水内外交融为一体；另一种，是模仿真实山水或山水画中的岩崖洞台、溪谷潭矶等物类，使有高低起伏、斜正参差、藏露断续、虚实明晦、曲折重深，如杭州灵隐寺的飞来峰，还有西湖小孤山上的小龙泓洞。这两种方式我也常结合来用，使风景可以同时呈现于建筑的外部与内部。

画中的红色，也是一直在使用的山体的红色，这是一种暗设的意象转换，从"山水幻象"逐步接近"真实所见"。红砖是组织性的砌筑材料，不像混凝土一样，通过浇筑一次塑形完成。红砖构筑物，有强烈的真实感，还有建造过程的时间感，是匠人一块砖一块砖慢慢砌筑起来的。画画的时候，也是一笔一砖慢慢地垒砌，注意顺砖、丁砖、立砖的不同位置，符合基本的建造规则。尽量让画画时的心境，和造房子的心境接近，感觉是拿画笔在"真的"造房子。

时空不尽

　　唐代的张彦远在讨论谢赫论画的"六法"时，称"经营位置"为"画之总要"，排在了"气韵生动，骨法用笔，应物象形，随类赋彩，传移模写"五法之首。这是从绘画者的角度说的，与鉴赏家把"气韵生动"放在最前面不同。对园林建筑类的画来说，尤其如此，位置经营和结构排布，才是起手最重要的事情。"红"都是在长宽二十五厘米的方形画幅内创作的，在这种单一小画幅空间视野内，就更需考虑清楚如何经营出时空深度。

　　以这个系列所录第一幅画为例：画中三层洞口，分别区隔出有灌木的内院、两人对座下棋的轩室、有树的外院、可倚观园外景色的亭榭，一共四层空间。待我把倚着美人靠向外观望的女子画出，一下便提笔难落了。透过层层圆洞看出去的该是什么呢？是下一个圆洞吗？那样虽然空间层次增多，但无非是焦点透视下相似空间的重复，尽头依然是空间的一个终结，恐怕也是无趣，也与园林追求"时空不尽"的目标不符。就剩下那最后一点东西，我不敢轻易画出来。

　　我左思右想，举棋不定，过了大概一个小时，才决定画一座偏转了方向的拱桥，一个船夫划船从桥洞下经过，去往与圆洞对焦方向不同的另外一方向。这样一来，亭中女子身姿微倾，正好看向船夫撑船向东。那里是一个正欲徐徐展开的时空向度，如果顺着船身和水流的方向去想象，似乎园外是一条更为深长的苏州水巷。这与园内下棋的安静隐约形成"内／外"、"动／静"的对比关系。

这是画得较早的一幅画，手头功夫也还生拙，但正是在画它的过程中，我对如何在有限的画面中经营出时空感有了些体悟：如果空间的方向转换运用得好，不仅有建筑空间的曲折，也有人物身体面向的曲折，二者动静结合，时空便也由浅近而深远。

除此之外，还要注意转折处的布景。游拙政园时，曾听一位老先生提及"补隅"和"破隅"，这类针对墙角位置的造园手法，讨论的人比较少，但我觉得对理解园林的空间问题可能有重要意义，几年来多有留意，绘画中经营转折处时也多有借鉴。"补隅"，常见的是在园墙墙角种以芭蕉或竹子，这么做可以避免大风来时芭蕉碎叶或竹子倒伏；但我想更重要的是，墙角本来是两墙相交、空间结束的位置，被植物遮挡掩藏后，空间得以在虚掩处继续延伸，而不觉狭小闭塞。至于"破隅"，如拙政园的海棠春坞小院或上海豫园的内园，在内墙角处堆叠以破出的石块，犹如山脚，暗示墙外还藏有更大的山体（其实未必有），当内侧的小空间与无限的外侧建立连接，空间感就被扩大了。另外，将墙角打开也是一种做法。园中的对角一般是最深长的一条视线，如果将墙角打开，内外贯联，就能望到更深更远更大的空间，深度更加幽曲。这些都是逛园子时需要留意的妙处。

但还不够，还要布"活景"，特别是布有居意的"活景"。比如，在打开的墙角的树下做些布置，能够使人驻留，观景喝茶，人的活动和树的关照相映成趣，并勾起游人去往园景深处，这样景就生动了。不考虑人驻留的景，只是看看而已，缺少生气和想象的层次。

画外之想

受画幅限制，"红"所造之园境，更像是庭院或庭园，是局部之景，片段之景，也是断境、截境、孤小之境。画界虽小，但还是希望表现出来的意境可以增大。怎样做到这一点呢？我想先谈谈"借景"。

"借"是园林谋景的常用手段。一般的做法是借窗洞框取或借亭台遥望，将外景借入园内，使园子感觉比实际的要大。苏州沧浪亭的看山楼可平眺园外山色、无锡惠山麓脚的寄畅园可远望园外锡山的龙光寺塔，就是例子。这种借法取决于园外是否已有佳景，如童寯所言，"大抵郊野之园能之"，在城市中则有困难。就画画来说比较好实现，"红"的画作中，常框取园外风景，使画中有画，景色内外有别，有效地扩大了画境。

但以内外来区分"景"，仅仅是空间上的认知，还是简单和局限了些。明代计成在《园冶》中有言："借者，园虽别内外，得景则无拘远近。"他认为借景一事，可远借，可近借，可向天借，可向地借，可向四时八方借，只要对园景有好处，统统借过来，不用担心格式和界限。他在末尾《借景》一篇中，更是畅谈景的特点，认为"景"不仅有树石林泉，还有与听觉有关的莺歌、樵唱、虫鸣、雁啼，与嗅觉有关的兰香、荷香、桂花香、菊香、梅香，与空气湿度、温度感觉有关的淑气、爽气、凉气，甚至连人的日常活动都美妙似景，诸如"扫径护兰芽"、"卷帘邀燕子"。这是计成对"景"的诗意见解，他认为真正的借景，不光要做到借有形的景，对风云雨雪、天光声色、人事活动等难以模状之物，也需要应时应地而借。园林虽然有明确的边界，但园景、园境是可以无限的。计成谈的虽然是造园专业的借景问题，但根本上是在讲如何经营出一种与自然相关的诗意生活。

或许是不大能时时亲近自然，今人对所借之景的理解很多时候都不如前人细腻，缺乏一种日常的诗意。张潮说"春听鸟声，夏听蝉声，秋听虫声，冬听雪声，白昼听棋声，月下听箫声，山中听松声，水际听欸乃声，方不虚此生耳"，这是身体在四时变换中的细微感知，不是什么奇趣，至于"艺花可以邀蝶，累石可以邀云，栽松可以邀风，贮水可以邀萍，筑台可以邀月，种蕉可以邀雨，植柳可以邀蝉"，从造园的角度来看，也并不是营造了什么奇景，而是惯常所见，乐趣在人和自然之间的"因借"关系。

景不只是看看而已，否则总会腻，要人和自然相互关照，形成一种流动的日常情趣，才能久处而不厌。营造这种景，对造园固然提出了更高的要求，我想落于画笔，也是一件难事。人对天地万物的各种诗意感知，很多不是绘画所能捕捉的，终有许多"笔不能到"的地方。

而难处更在于，如何通过增加画外的想象来扩大意境。因为"诗意"还不光是感官的问题，更是想象的问题。

明代画家徐渭所居的绍兴青藤书屋，轩外小池半掩于屋下，俯观水面深藏，脉源似与后院的水井连续，让人感觉它比实际水面所见要大；再而，徐渭在池侧月洞上的匾额题有"天汉分源"四字，暗示这小小"天池"竟是天河的一处支流，空间意境再次扩展至无穷极。拙政园中的"与谁同坐轩"，是一处背竹临池的扇亭，构境立意取自苏轼的"与谁同坐？明月清风我"，所处所见无非一角园景，但所感所思却是浩浩天地间游动不息的明月与清风。

这是一种不限于画面视域的经验感受，一种更关乎诗意想象的"诗人"才有的构境方式。其立意是将人放在了"天地之间"、"万物之中"来观想，摆脱了时间和空间对想象的约束。我们常讲，园林经营的核心目标是"诗情画意"，画意还可以有一个摹本，而诗意非灵性与理悟兼具的人不能谋求。因此相对于皇家园林、商贾园林，传统"文人园"更能代表中国造园艺术的境界高度。正如好的山水画是"画中有诗，诗中有画"，"文人园"也不止于罗列山水要素，望之俨然如画，而是画外有境，能带来诗意的想象。能做到这一点，正是因为有文人的诗境思维在，如果只借用山水画来描摹造园，不能驰骋想象，美感的境界仍是局限的。

只是道理虽明白，但如何以诗境扩展画境，我至今没有找到很好的画面呈现方法，只试过模仿青藤书屋借楹额题字来言明意境，认识还是尚浅。

让园子能留住人

　　童寯说，造园有三境界："第一，疏密得宜；其次，曲折尽致；第三，眼前有景。"我将这借引为画园之法。作画时先定立意格局，安排好画内空间的开合疏密、层次深浅。再求深景，想象身入画中，所行路径应该如何曲折，所遇景色又该如何变化。自始至终，画中人物的游走居止都考虑他们的身体姿态，俯仰回首之间，山水、花木、禽鱼诸景皆有呼应。

　　无论是通过曲折开合，营造出时空不尽的错觉，还是借景构境，增加一种诗意的想象，费尽心思，最终都是为了让园子能留住人。"红"想体现那种不尽重深的风景，想成为"幻园"深处的迷境。所谓"迷境"，并非是让人走不出去的迷宫，而是让人迷醉其间，舍不得走出去。

　　真实的造园当然远比经营这些小画要难，我不过尝试把这种理想的愿景用笔墨构筑出来，表达终归有限。有人说想住进这些画里，这真是一种莫大的鼓励，也是我最喜欢的评价。

这里想探讨的，
是扁平的小画面如何呈现多层次的空间。
实砖墙、镂空墙、曲墙、篱笆墙，横斜交错，间以树，远以河，
布置出不同的空间层次，
每一层人物的活动和身体面向都有变化，
暗示了空间的曲折，
希望借此营造出不尽重深的迷境感。

将池水藏掩于亭轩桥洞之下，

并点几只白鹅钻游其中，

这习自徐渭青藤书屋处理水池的方式。

意在提示水池可能与外面更宽阔的水面连通，

勾起一些对画外的想象。

庭院深静，于是放几只白鹅，

给狭小的空间略添一点动趣。

事实上，如何引起画外的想象，扩展画境，

是我常常感到为难的地方，

也是日后需下功夫的地方。

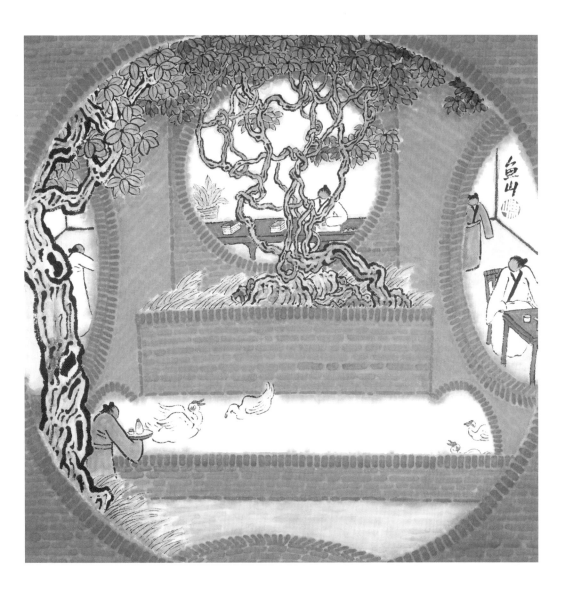

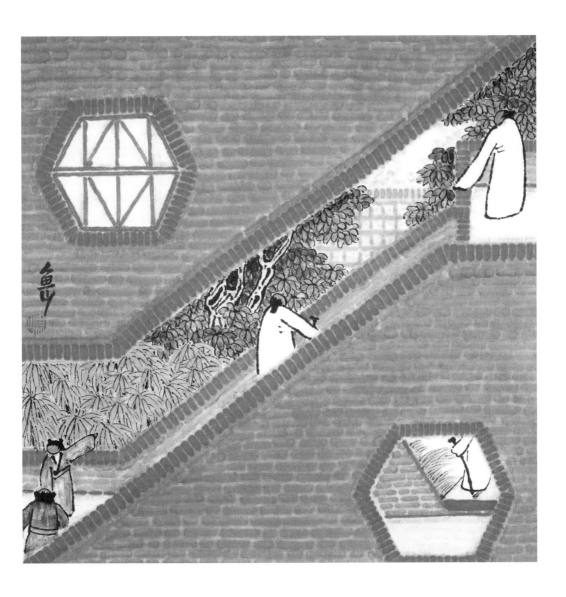

画家黄宾虹层层积墨的"黑山水"，

树石笔笔叠加，浑厚而质，是"实"；

他又在黑厚的积墨中，

留出很多大大小小的空白，

白云烟道，似留了很多气穴，

这是"实中虚"。

实中求质地，虚中求流转，

画面才能活。

这一方法也常见于园林，

如苏州艺圃的浴鸥小院：

先起爬满藤蔓的大高墙，再开以月洞门，

透出更深远处的景致。

这处高墙的"实"，也有"隔景"的目的。

"红"系列中大部分画作，

都在借鉴学习"实中求虚"的方法。

此画是我游历杭州飞来峰之后所作。

飞来峰经过长时间的溶蚀，

有很多洞壑，

树从岩缝里长出来，

和山石一起形成层叠交错的姿态。

当时看到一处佛窟，

窟下刚好有两位僧人在交谈。

那种佛窟的居意和人的往来，

天然而生动，

给我留下很深刻的印象。

绿

　　二〇一七年秋，我在南京瞻园游玩时，行到有曲廊相抱的一处水湾，忽然听见"噗通"声，又见人们纷纷聚在廊侧观望。原来是池旁有一株香橼，果实成熟后不时坠落池中，发出悦耳的声音，悄静的水面在暖阳中泛起层层波纹。香橼击水，用"声音"应和了时节，偶发有动静之趣，故能把人吸引过来，诱发了俯仰上下的身体姿态。树木的姿态，不只是树形，也常让人因金叶摇落、果实坠地等感获到秋风、秋雨、秋声、秋色的具体样子。

　　后来游至浙东海盐县的绮园，恰逢寒雨，打伞慢行于寂寂无人的园中，迂回到了一处桥岗高下相接的地方。忽见密密麻麻的银杏叶铺落，触目所及的水池山道、岩台桌凳，十几米范围内皆是金黄一片。其中的"四剑探水"石桥（四个棱形桥墩似利剑插入池中），寒风掠袭着枝干苍虬的古银杏树沙沙作响，心中竟生出"风萧萧兮易水寒，壮士一去兮不复还"的悲壮感。才更深地意识到，计成为何说园"景"须借"四时"，树木在不同时间的不同情态，能直接影响到人对园境"寒暖悲喜"的感受。

　　树木，不管在园林里，还是在现代建筑中，都很常见，尤其是当园子面积较小，不能为山池大景时，少量树木和山石的运用，便成了造景的主要手段。但树木也是最难经营好的。很多人对树木的姿态、对人与树木的活动关系缺少了解，往往只把树木当作行道树来使用。行道树功能单一，一个个直挺挺的，就像电线杆子。但自然中的树石经营，不仅要讲究姿态生动，还要满足人的"身体之需"：人身处其中时，身体能否安放得宜。园林中的树不能太死板，需要灵活安排，处处由景及人。

"绿"系列画作是对园林中"景"的一个补充，以姿态特别的树木为主，山水形态、花草、动物的刻画则是作为辅助，这是我对树与人之间关系的一点思考。

自然的初见

五代时期周文矩的《文苑图》描绘了四位在松下吟咏的文人，其中一位抚靠在曲折的松干上沉思，另外几人或倚或坐，写诗、展卷，将几块大小高低不同的石头作为书台或坐案使用。这俨然是一个室内家居的场景，树石等自然物，都可供人休息停留。

就树木关照人的身体而言，如明代文徵明所绘《拙政园三十一景》中有"槐幄"一景，画了三根树干支撑着槐叶交密的树冠，高士盘坐冠盖之下，像是坐在一个亭子里。又如明代仇英所绘《独乐园图》中，有两处用绳子揽结竹杪的竹庐，园主人在一圈竹竿围合的圆形空间内，或坐或卧，怡然自得，也似坐于亭中。这竹庐，可谓"一半人力，一半天然"，只是对自然之物稍做经营，便得到了和实际建筑一样的效果，还能作为独立的园景来观赏，一举两得。而槐幄、竹庐之内，光影摇曳，比实际的亭子更为宜人。

在这些画中，我们能感受到古人在最初直面自然时，那种朴素但又新鲜活泼的情感。他们在处理"人与自然共栖"这件事情上，总是充满了想象力，有很多事半功倍的巧妙方式。我经常疑问，我们现在所理解的自然，和前人理解的自然，是一样的吗？我们现在眼中看见的树石，和古代的文人、画家或造园家眼中看见的树石，是一样的吗？

记得母亲给我讲起，家乡曾有一棵横跨于村口河流上的大树，枝繁叶茂，树干粗壮，是当年村民来往两岸经常借用的桥，也是孩子们喜欢的玩处。后来为了修新桥，这棵有趣的树被遗憾地移除了。二〇一七年秋，在灵岩山道上，我与老友吴洪德也不时遇见大人、小孩与各种奇特树石的亲近戏耍，把它们作为椅子、凳子、床榻、扶梯来使用。阿德觉得，奇石、怪树和人的肢体活动所构成的有趣情景，似出于一种中国人亲近自然天趣的本能驱使，并非一般园林所常见，倒与我的画如出一辙。那是我常将看见过的自然山水中的"古怪实景"入画的缘故，并不是凭空想象而来。这些初见的自然，还有点野味的"天趣"，已渐渐远离了我们的日常生活，也少见有人纳入园林话题。

大概是因为经过了上千年积累演变，古典园林的审美方式和内容已经相当稳固，尤其是自明代造园的理法完备、清代的穷极工巧，绵延至今的程式化、世俗化过程，使得园林已渐渐形成一个相对封闭、自足的世界，更热衷于模仿那些著名的山水诗文、山水名画、名园遗构，不再"写生"，使"再现自然"的视野渐渐疏远了真实自然世界这个生机勃勃的源头，缺少了对自然的初见，也缺少了对真实山水生活的理解。这一现状，有利有弊。利在有法可循，有理可据；弊在易落窠臼，难出新意。放下成见重新进入自然山水，体验、观察和了解自然，探寻其丰富多样的形式，并再现于当代人可以居游的山水园林中，仍然有大量工作可以去做。

反常合道为趣

这几年，我游园或游山，都很留意那些奇奇怪怪的树，不只是树形本身奇怪的，也有树生长的位置比较反常的。如果树木只是反常，只是怪，也没有什么价值，以怪论怪，最后都是造型问题，不值得讨论；如果树木反常，但却适用于人的一些活动，对增加园境趣味有十分益处，我便会多想一想，借其形意，搜罗入画。

苏轼论诗云："诗以奇趣为宗，反常合道为趣。"这个观点同样适合我们拿来讨论树石的"奇趣"。树石在初看时，可能有出人意料之处，细看时又恰在情理之中。这个"情理"与树木生长的自然规律有关，也与人的活动方式、身体感受有关。

在各种我感兴趣的与"奇树"有关的见闻中，与文徵明所画"槐幄"相似者最多，或一株、两株，或三四株，举冠成亭，交冠如屋，或多株掩映之下布置以散石犹如厅堂，都是利用了树形的基本特征，以达到荫蔽人的作用。这是一个可以不断重复演绎的"母题"，根据树种、树形或其所处环境的不同，会有不同的场景效果。如黄山松亭，在崖石飞挑的高处，松盖侧撑，三面凌空浮云，似一飞亭；又如崂山松台，因筑坟而在松林坡地上围台填土，废弃后作为平台使用，仰有松茂，远可瞰海，是绝佳的观景亭台。它们都是可以入画的奇景。

树与桥

自然中的树木多有反常之态，人们注意的一般是奇怪的树形，而对树的"位置反常"较少留意。以桥为例，经常能发现树木在河畔桥头的一些有趣事情。

古代的桥，一般是交通的关节，是人们送别分离或迎盼相聚的重要地点，桥畔的树是为人荫蔽烈日或略挡风雨的，并不是一个凭空的摆设。所往者人，所候者树，常常两相对望。这样，即便树下无人，也可使"往者"望树而思人，这正是意境生动所在。

另一类"树／桥"关系，可真说得上是奇特。我游苏州天平山时，发现一处古桥的左右石墩上长着两株树，树干勾挑临空于水面，树冠上卷掩罩住桥身，既遮蔽了行人的身体，也提供了俯瞰美景的视点。树、桥结合一体，像是一个溪流上的树亭。而在北京法海寺下，有一个更像树亭的桥，四棵大树居然长在桥墩的四个角上。再后来去爬泰山，又在壶天阁见两棵遒劲的古柏，也以类似的方式，左右高悬于洞门上方的石筑台基上，似两个飞来的门神天将。此种自然与人工共生的例子还有很多，在山水名胜的道崖或台基处常能见到。它们并没有因为看上去有点"危险"而被移除，而是作为"自然与人工"的一个和谐有趣的整体，被宽容地保留下来。此类奇树在"绿"的画里也经常引用借鉴。

看似无用的树木，看似有障碍的树木

二〇一六年早春，我与朋友在同济校园内闲逛，见三好坞池畔倒伏着一棵粗壮的似要枯死的大树，树倒而凌空于水面，却有一"高人"兀自悠然地躺卧在树干上晒太阳。到了夏天，李颖春老师发来两张此树的照片，树已是枝繁叶茂，换成了一只大黄猫伏在上面睡觉。这年冬天，我受邀参加同济的园林讲座，趁机举此趣景为例，来说明树木与身体的特殊关系。我常借倒伏的树形姿态入画，但会重新经营一下人的活动，或坐卧其上，或将其作为桌案，让身体活动与树的特殊姿态匹配，也与贴池的树冠构成趣景。这也是画画与拍照的不同，可以构想愿景，而非一定忠于现实。

参照庄子的齐物思想，树木有"有用之用"，也有"无用之用"，所取不同而已。也许这些奇奇怪怪的树，看起来有点妨碍人的手脚活动，却仍活得好好的，还别有情趣。每次去上海豫园，我都要在听鹅小院的环碧洞门外多逗留几分钟，观察不同的人以不同的身姿通过洞门外有树干横阻的小桥。他们或俯首躬身，或挽树扭臀，或攀而观望，或挂臂腾空，女子尽展身姿曼妙，男子多爱来回戏耍。这"洞门横柯"的例子，我在绍兴吼山的烟萝洞也遇见过。在杭州凤凰山和玉皇山也曾多次遇见古藤伏道拦路，屈曲盘石而成路槛、门栓，这些都是游园的意外之趣，没有人会觉得这原本"碍事"的树，真的碍了事，反倒让人了解了自然情趣的重要。

树木的居意经营

树木经营，实在以经营出"可居"之意最为难得。无论是反常的树桥关系，还是看似无用、有碍的树木，都可以适用于人的不同活动。

我曾在天台县国清寺的放生池畔遇见一处树亭。树自池外十几米的台地，屈腰下探至池边驳岸方才停住。长伸的树干像甩出的长鞭，如果没有人在端头用斜杆支撑，必然会腰折。就在其树冠停留的池畔栏杆位置，又有意布置了石凳，用来坐下观鱼，俯仰自得。

而在泉州开元寺的一个树亭，却是用"斩腰"的方式来谋划"居意"。寺中有许多古榕树，为防止树冠过于宽广导致枝干折断，都是牵引垂丝般的气根结地，使其长出支撑树枝的次生树干，结果就像是一个大屋盖下面，围绕粗壮的主干散布了很多短小的立柱，活像一个柱子林立的大敞厅。这是常见的打理榕树的方法。而那棵被"斩腰"的榕树是在一块园圃里。它是棵不大的榕树，呈沙漏型，两头大中间小。下部是六根侧干，向上收拢成塔亭形状，中间的主干则被从根基处锯断去除，形成空腹，经营为一个被树干围合的可以待人的亭子。我很喜欢这个按"居意"经营树木的思路，回家后，便把它画成了画。

以"居意"经营树木，只要能照拂到人的活动就很好，并不是说都要看上去像一个房子。我在游黄山天都峰时，在山顶某处遇见一个被凿成特大号沙发的天然卧石，后面是一排如屏风的翠树，树后又有一石屏，人坐在石头沙发上，被层层树石包裹，犹如室内厅堂场景。在镇江焦山，我又见一老旧的朝南敞口的三合院，敞口前种了一排如手指张开的丛生树木，像是院前一面隔而不断的屏风照壁。

这些树亭、树屏，还有之前说到的树桥，可成一景，多有赖于造化神奇，树木姿态与生长位置的出人意料，不是按正常的经营方式得来，是"大胆静候，小心收拾"的一个结果。先是要顺应树的自然生长，多留余地，才能生发它的个性。我们常说园景靠"养"，所养者，主要是指树木的形姿，是五年十年的事情。不像现在的公园广场，大多数是从苗圃移植相貌趋同的成年乔木，只图一日之功，像排兵布阵，不顾树木的参差情态。

栖身自然

　　北宋画家郭熙在《林泉高致》中说："观今山川，地占数百里，可游可居之处，十无三四，而必取可居可游之品。君子之所以渴慕林泉者，正谓此佳处故也。故画者当以此意造，而鉴者又当以此意穷之，此之谓不失其本意。"自然有优雅的一面，也有很野蛮的一面，在中国荒蛮险峻的山水中，人可涉足栖居的部分，只有十分之三左右，但也道路险阻，难于材料运输，多猛兽毒虫出没。再需寻得一块阔坪，才能起台建屋，并要将周边环境打理经营，方能栖居安身。郭熙所说的"画者当以此意造"，已明示画者尽量按人的居游意愿，来经营所占比例较小的有"可居可游之品"的山水片段。

　　我理解的经营，是在尊重和理解自然的基础上，规划安排。就造园来说，是既不失自然真趣，又符合人的需要。不是大面积种植修剪草皮（童寯曾讽刺种草皮作园景更适合养奶牛），那只是一种单调的绿化工作，当然也不是对自然不加任何控制、任其生长。我曾往广州拜访师兄张翼，请教岭南造园的植物一事。他说南方雨水丰沛、日照充足，大多数植物都在疯狂生长，杂草花木的生长速度令人头疼，哪怕是石头缝隙都能很快长出一棵树来。所以，在岭南造园，可在庭院满做铺砖，尽量少露土壤，在需要的地方留出树池、花池，来控制植物生长的范围。东莞的可园便是如此。园景也因此与北方园林、江南园林区别显著。后来我游历东南沿海的泉州等地，发现人们对榕树也极谨慎，因其根系太过发达，往往容易破坏建筑。不过，在岭南，尽管人们对植物的野蛮性有所惧怕，却仍乐于经营树木与人的关系，用它们来为身体或建筑遮蔽烈日。植物的选择、经营，先要因地制宜、趋利避害，才能做园景趣味的考虑。

"绿"虽专论树木与人的身体关系，也关联着对自然万物的一种朴素的态度。把树木当作有灵性、有生命的东西来对待，善处有如亲友，相栖相伴，也善待和了解花鸟鱼虫等生灵，我想，这才是真正容身于自然的方法。

在北京的明十三陵游玩时，

曾看见两处陵外沟渠的树都是弯曲着生长，

树干先从渠边横挑出来，再直立向上，

像上举的手臂一样，非常奇特。

这张画夸张了一下，

变成四棵树撑起一个屋顶，

形成一个空间，像是自然的树亭，

荫盖之下有水有草，有可扶的栏杆。

一半靠自然，一半靠人力。

在实际生活中，

也许可以做一些这样的经营。

春夏秋冬，是四个性格不同的季节，

而树木有很强的时间特征，

它应和着四时，春发秋落，

每个季节都有不同的情态，

好像也因时间流逝而有悲喜之感。

所以我很赞同计成对园"景"须借"四时"的见解。

将花木安放在石桌一边，临池微倾，

不仅仅是为了绿荫可以关照到人的身体，

也是为了在花开时节，

方便有心之人去捕捉一片片稍纵即逝的时间诗意。

连根而生的树，常常能够见到，

我借来入画，看能否经营出几分奇趣。

这个树干是有一点夸张的，

形成一张小憩的卧榻；

再把它生长的位置移到池边，

后面的树根有力地拽着，

前面的树干斜挑向前方，横出水面，

让躺卧的人更容易看到树下和池面的景致。

在泉州清源山遇见过横跨石磴坡道、

贴地而生的树,

树干成为了一步特别的台阶,

看似有些妨碍,其实增添了许多趣味,

行路的人也常常乐在其中。

"绿"系列里的画,大多像这样,

来自于自然生活的情境,

人与树木相依相伴。

有些诗意,

但更像一种情感的依托。

山

间

我喜欢游山，是因为山的一些地方很像园林；我喜欢园林，也是因为它和山水的关系。中国人处理园林也好，处理山水也好，都是在处理一件事：人如何与自然诗意地生活在一起。当代西方建筑处理和自然的关系，许多都是开特别大特别干净的玻璃，其实身体还是隔开的；日本的枯山水是不让人进入的，只是坐着静观冥想；但我们的方式是把内外交织在一起。游山的过程中，可以理解到园林之外我们对待自然的态度，最后，这种态度成为审美。

云山真意

苏轼游江西庐山之后，写道："横看成岭侧成峰，远近高低各不同。不识庐山真面目，只缘身在此山中。"身处大山之中，视野局限，像庐山，巨大的峰岭连绵曲折，人在其中注定无法认识其全貌。而贾岛的那首"松下问童子，言师采药去。只在此山中，云深不知处"，也有类似的山间认知，比苏轼所见的庐山更多了一层白云萦绕的知觉蔽障。

两位诗人对山中景物都有这种不确定性的认识，也正是因为这种不具体、不确定，让我对石涛和尚所画的"云中事"存有一点疑惑。石涛何以将云雾中半露的人形画得如此清晰、明确？迷蒙云雾中的人，身形不该是极虚淡而朦胧的吗？带着这个疑惑，我于二〇一五年春末邀一位画家朋友去爬了一次黄山。

据说石涛曾多次游黄山，他说："黄山是我师，我是黄山友。心期万类中，黄峰无不有。"他画云山的方法和对黄山的观察理解必然有关，不是无中生有。

那次游黄山，途中遇到小雨，起了雾。周围有鸟叫，也不知道鸟在哪里，听见有人说话，不知道人是在山的那边，还是在深处的山谷里头。忽然间，云雾吹过，就在眼前二十米，一座山峰冒出半截头身来，还没看清楚它的模样，又被云雾迅速遮住了。依然听见有人说话，依然不见人影，但耳朵告诉我，他们应该就在不远的地方，就像那座突然出现在云雾里的山峰。爬黄山的过程中，我每每出现这样的感受，确切感知到人的所在，但视觉无法获得确认。我想，或许石涛所画云间人迹，也并非眼睛所见，而是对"人语"感知的想象。他也许不知道如何用绘画的语言来表达黄山云雾中这种不可见的"人迹"存在，也无从违背常理地去发明创造，于是想起时不时从云中冒出的山峰，借鉴了它，转换了它，将无形的听觉呈现以云峰一样有形的视觉。

当留意到石涛用留白的烟云来掩藏并提示"人迹"的方式，再看园林时，认识又有不同。苏州耦园中横卧于织帘老屋与纫兰室南北之间的湖石云山，其云墙随着假山横卧的山势，分出南北两个对景云山的庭院，一狭一阔。游客上下出入于假山两侧，不时传出"人语"，尤其在南院一侧，经常可以看见如石涛所画的半露头身于云中的趣景。这种虚实藏露，可谓尽得石涛画意。我以前不识个中真趣，以为将云墙与假山结合，只是为了"如画"，在视觉上模仿某种固定的山水画模式。现在特别地喜欢此山，因为读出它云墙高矮变化的安排，是要形成对"人迹"即遮掩又提示的关系。它不仅在经营视觉上的美感，也在经营听觉，经营身体的俯仰姿态和对人迹的想象。

与耦园相类似的云山构景，园林中经常出现，但佳构很少。拙政园内，宜两亭所在云坞的云墙，以及枇杷园庭院西侧的云墙，都还知道处理云墙两侧的高差关系，可惜只兼顾了一侧的看景，坚实无洞的云墙更像是内侧假山的挡土墙，缺少身体的出入，略显单调。其他大多数我见到过的云墙，都只是徒有其表，把云作为一个形式符号在使用，简单区隔庭院而已，并无对身体感知的经营，也无云山真意。

以前我主要游园林，在山水画和园林面前，还觉得人能够把握，但到了真实的自然跟前，才知道什么叫鬼斧神工。这些认知鼓舞了我继续游历山水名胜的热情。粗粗算下来，迄今爬过的南北大小山头已经有四十多处。它们的丰富多样，也正在慢慢证实着我所认为的：在园林之外，山水名胜也是非常重要的山水居游文化的载体，是讨论园林所必须重视的源头。

"山间"一章所录的山水画作，因为有实际的参照，笔墨表现方式也有所不同，山石树木各具情态，人的身体姿态也呼应得更为活泼，好似率性写出。但笔下尚有一定规矩，并非全无结构的肆意乱涂，则有赖于长期用小笔勾勒"幻园"时的磨练。其中多数是游山见闻的记录，描绘我在不同山水中的经验片段，重视身体感受和细节观察，山石树木关系也有一些概括和夸张，类似于明代王履画华山的方式。还有一部分是对"山水"这一意象的迁想，可以说是"见山是山；见山不是山；见山还是山"这样一种从眼见到心见的认识过程。一个偏身体经验，一个偏意象趣味，也恰是中国传统山水画的两个主要面向。

关于山水画的画理画论，前人今人早已说熟，我无意照本宣科，想多谈谈游历山水的见闻和粗浅理解，以证明所画不是闭门造车，拾人牙慧，画理都在各地山水的游赏居止之中。

山间何所有

在我看过的山水中，若问最喜欢的是哪处，那应该还是最早攀游的黄山天都峰。奇峰独秀是一个原因，最主要是喜欢它的前山道。这条道修成于一九八四年，据说当时工期很紧，要求还多。路线必须布置在风景集中的地段，这意味着要做大量勘察工作去设计路径和停留点。大于二十厘米粗的树不能砍——在一个本来就很陡的地方凿山道，遇到树还得绕着走，还要走得舒适，这非常难。当时的工匠们一定动了很多脑筋。留心看，一些崖壁上还凿出了嵌道，为了让游人能一边攀游一边看看景。还有些地方过不去，就顺着山石的高低，在几块大岩石之间起桥，一段一段地勾连，起伏有致。如果按现在常用的方式，可能就是把石头削平，或者在高一点的地方安置水泥栈道，不见得省事，也难看。天都峰的山顶上，还有些大的岩石被巧妙地凿刻成沙发、圈凳、扶手、杯桶等等。这些工匠们就像室内设计师一样，把山石树木当作家具布置进去，借天工而足人意，巧妙用尽。而天都峰之外的其他山道，则多数修得有点乏味，没有利用好山势特点，有些地方过于平直开阔，失去了身体感知的节奏，游走起来不仅身体疲惫，心目也疲劳。

入山之后，大部分时间都是在山道中行游，山道的好坏，很大程度上决定了人对山水的整体感受。可以说，山道奇巧，则山水灵活。

而若综合自然风景、山道、建筑、窟室、摩崖石刻、文化历史等来做一个整体评价，华山应该是全国最好的一处名胜，尽管现在也出现一些丑陋粗糙的建设。游华山诸峰，步履虽艰，道不生厌。建筑、窟室等居意构筑，也有很多精彩的地方，摩崖石刻更是丰富有趣。我在小上方峰一窟室旁，见摩崖有"陪睡"二字，十分疑惑，后来才知道是清代的"后学李光汉"在向华山的睡仙陈抟老祖表示恭敬。华山北峰山道的一处巨岩题以"擦耳崖"，提示了倾斜崖面可能会擦到行人的耳朵，需侧身而过，比那些歌功颂德的命名实在有趣很多。更有趣的是，在苍龙岭上段，摩崖刻有唐代韩愈因为惧险而投书告救的"韩退之投书处"，后人以此取笑，旁边又刻着"晋武乡赵文备先生百岁笑韩处"，后人见此又接着跟帖："苍龙岭韩退之大哭词家赵文备百岁笑韩处。"人们从苍龙岭绝险石阶上爬到此处，见这持续千百年的哭来笑去，适才险峰之上的心惊胆颤也就释然了。

通过观察摩崖石刻的内容和位置，可以揣摩古人对山水的理解。他们想要借山水表达什么，就在石头上用写书法的方式体现出来，这与园林中各式题字的经营一脉相承。如泰山、虎丘、天台山石梁飞瀑等处的摩崖都各有特点，是一种有情趣的美化。我的画中也时不时用用摩崖题字的方式，以全景趣。

现代和古代，人们接触山水的方式已经有所改变。古人没有现在这样便利的交通，山水也不圈起来收票，一进山，一月半月吃住都在山里。而现在的人基本一两天游完，因为门票贵，还有时限。看山从长时间的生活、体验变成一种短暂匆促的游赏。但如对山水名胜以"居游文化"的角度去观察，在树石关系、山道桥梁、洞窟穴室、亭台楼阁、摩崖石刻等方面多些留意，便总能看到点纯粹自然风景之外的东西。

可惜的是，许多山水名胜的经营者对山水理景无知亦无畏。我在华山脚下曾遇到一位世居于此的村民，他对现在华山新开出的几处简陋的山道多有抱怨，认为这样破坏了华山自古以来的神秘感，失去了最重要的独道奇险的特点。我也深有同感。华山四面绝壁，斧仞千丈，山顶五峰似莲花举出。远观近游又像一个精致的盆景，景致与文物古迹十分密集。山顶的面积十分狭小，哪能容纳每年两百万的游客数量？为了这个诱人的数字，再又不得不破坏山水形貌，急功近利、粗枝大叶地修造更多的山道和台地。这是用华山这一杯碗来盛大海之水量，可笑而无智。后来者岂不该以此为鉴？否则大好的山水，千年的名胜，一如以往古城、古建筑、古村落与古园林的伤逝，将不可恢复！

山水以何为胜

清代李斗在《扬州画舫录》中说："杭州以湖山胜，苏州以市肆胜，扬州以园亭胜，三者鼎峙，不可轩轾。"扬州园林自清末势衰，所剩只十余处。苏州取而代之，独称"城市山林"。杭州则仍然保有山水形胜，享有"人间天堂"的美誉。杭州山水，如只看西湖，看久则腻，因世俗气略重。我在二〇一七年秋天游历了西湖南边相对清幽的吴山、凤凰山、玉皇山，以及满觉陇的烟霞三洞。尤其是凤凰山，未做太多开发，我走访了月岩、排衙石和圣果寺遗址，一路人迹稀少，风林清寂，不同于西湖的人声嘈杂。二〇一八年复游了南山、北山、孤山和飞来峰。当把杭州的山与水都游过之后，才恍然大悟："游杭州，除了看西湖，还得同时逛西湖周边的山啊！"才真的知道为什么是"湖山胜"，而不是"湖胜"。

山水名胜，如果独得"山景"，或独得"水景"，都算不得完备，必须"山水"一体兼得，互补两宜，才最为理想。比如黄山多烟云奇峰，以云山称冠，但少流瀑，如无云雨则乏生气；九华山与黄山属于同一山系，山形相似却少奇姿，但因体厚，高处多土壤涵养林木，而能得高山流水之胜。

西湖的山水形胜，也胜在山穴洞府。小洞者，如满觉陇的烟霞三洞：烟霞洞、水乐洞、石屋洞，都是肚腹相对较小的山穴，各有特点。烟霞洞形如羊角，外阔内狭，洞根钻入山腹，因洞顶垂花流彩，似红霞飞烟，洞壁两侧又开窟造像，宛如烟霞佛国。水乐洞形如蝌蚪，尾长头圆，洞门比连如目，吐纳泉流。洞口有一落水小潭，潭上掩架桥板使如空瓮，水音愈幽，乃得"水乐"之名。洞尾很深，有风吹出，人在洞室内体感极佳，可谓"无忧世外，清凉洞中"。而石屋洞，则形如螃蟹，大洞腹空如厅室，得居意，小洞曲折如蟹足，得游兴。这三个古洞，不仅洞形奇特，且都能以人的居游之意恰当经营，小巧宜人，十分值得细细品味。而西湖孤山上，西泠印社内的小龙泓洞，则是近人在上世纪初所开凿，也别具特点。大洞，如玉皇山的紫来洞、栖霞岭紫云洞、飞来峰的玉乳洞、龙泓洞等诸洞，多厅岩怪石，如群仙洞府。飞来峰诸洞，摩崖造像很多，洞形也更具造化神奇；而紫来洞，是由清末道人依据山势洞形人工开凿经营而出，洞内逐一凿有石榻、石凳、石门、石屋、石台等居意构件，更像是完全按神仙在人间居所的意思来打造。

　　杭州山中的洞穴窟室，都贵在居意的经营，成为天趣与人意兼备的"人间天堂"，而不是单调的溶洞景观。江南他处较为著名的奇特溶洞，还有如太湖西山的林屋洞，以"顶平如屋，石立如林"而闻名；如宜兴的善卷洞、张公洞，都有神仙洞府气象。奇怪的是，除了杭州，其他山穴都喜欢在洞内满布五颜六色的灯光照明，俗气不堪，十分刺激人的感官。陈从周早在一九七〇年代就批评过善卷洞等洞天有这类恶俗现象，比我之前猜测是受八〇年代《西游记》热播的影响还要早，也不知这些妖怪洞府的始作俑者究竟为何。其他如茅山的华严洞、天桂山的真武洞等等，也都有令人扼腕的乱象。山窟洞府是一处山水的气穴所在，也是经营山水居意的最佳处，应当倍加爱惜才是。

　　除了溶洞，还有峰洞、崖洞。峰洞藏于峰嶂开合之间，如雁荡山的观音洞、天聪洞、双珠洞等，尤其以观音洞最佳，峰洞别藏深寺，拾阶而上，到了最顶端方才进入佛窟圣境，是难得的奇景。而崖洞，因在高处，洞穴多是岩石局部坍落或风砂长期侵蚀导致，进深不大，多为敞口，经常被僧侣道士们倚靠着岩崖浅穴向外侧架房，而成半房半穴的崖屋，如武当山的雷神洞、南岩宫，金山的法海洞、赤城山的紫云洞。借崖洞来构筑穴屋的方式，在各地山水中最为常见，一是因为崖洞在山中相对于溶洞要多，只需借一半人力就可成室；其二，这种构屋方式也相对适合人的居住生活习惯，既方便也不那么阴冷潮湿，比完全天然的石窟还是要舒服。也有崖洞比较高阔的，则直接在洞内建造完整的房子。崖洞构屋虽然常见，但佳构我却很少遇到，多数只是简单地用房子罩封住洞穴，似塞闭了山水的耳目，只图实用罢了。所以徐霞客当年看到僧侣在赤城山的崖洞上到处修造僧房，也恨得咬牙切齿。

或许是因为山势相对低缓，便于改造；又或许是因为东晋衣冠南渡以及宋室南迁的结果，江南的文人士大夫阶层引领起改造江南山水的热情。这些我所知的"山水"特征完备且"居游"意味比较浓厚的山水，大多位列江南，历代江南文人也对它们多有倾心描画或诗文赞美。千山有千面，也许山水并没有决然的好坏之分，重要的还是怎么去认识，如何去经营。只要有石、有树，有曲直之体，有高低之态，都容易借势而为。试想苏州本来就是一个平地，却被营造成为密布高岩深壑的城市山林，不都是因为有"山水居游"这一明确而强烈的愿景吗？

有人说我画的是被人调教过的山水。很对，我画的就是在一两千年里，美化过的、经营过的山水，而不是荒莽的、狂野的、人不能进入的山水。这些被调教过的山水，就是我理解的中国人和自然相处的方式。

"山间"系列很多都是记录我爬山时的经验。

像这张，是对天台山石梁飞瀑的印象。

石梁横跨瀑布激流之上，

可想而知有多险。

不过这张画里的人不是我，

我不敢爬上去。

但徐霞客胆子大，他爬上去过，

在《徐霞客游记》里描写了他的经历：

"梁阔尺余，长三丈，架两山坳间。

两飞瀑从亭左来，至桥乃合流下坠，

雷轰河隤，百丈不止。

余从梁上行，下瞰深潭，毛骨俱悚。"

我边画边想象徐霞客过石梁的情景，

他爬得小心翼翼，

下面的人看得也是胆战心惊。

爬山时大部分时间都走在山道上，
山道有狭阔、难易的变化才更有意思。
画中这样的关口，很多山上都有，
比如华山的惊心石。
我把类似的这种场景夸张了，
但佝着身子还是可以通过。
险而不危，
人爬得过去，
反倒更有乐趣。

爬苏州天平山那天，

独自一人，

天气不太好，

路上行人很少，

偶尔能看见一两个人影。

后来还下起了雨，

也没处躲，

匆忙间找到一块像山穴的岩石，

就在那下面躲雨。

有点无聊，

有点自得。

魚山先生避雨處

天平山还有一个叫法，

万笏朝天，

因为山石是立起来的，

一块一块都朝着天，

姿态奇特。

其中一面岩石上写着"云上"，

这两个字是不是表示云雾缭绕的时候，

它已经在云之上？

我爬的那天下雨，有雾，

没有看到"云上"的景色，

只好想象了一下云海漫过去时的样子。

雲上

鎖雲臺

有一年端午，

打雷，

雷声闷响，隐隐翻滚，

半梦半醒之间，

我以为自己身在雁荡山大龙湫瀑布下，

流瀑从山上疾落入瀑瓮中，

飞花似雪，水声如雷。

醒来后我就画下这张画，

那天正是我三十六岁生日。

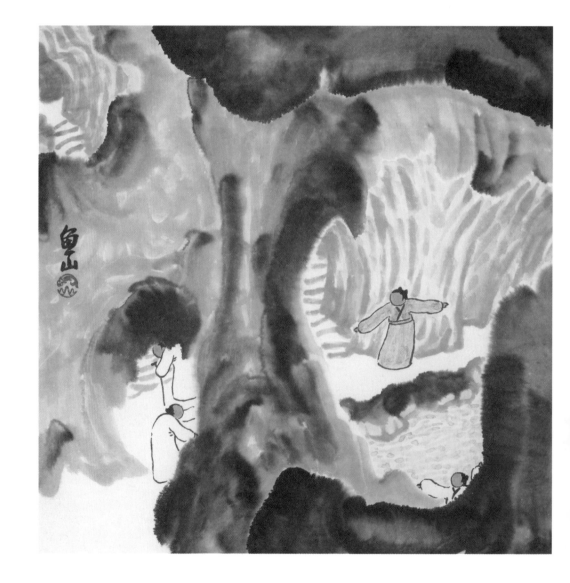

圆幅是比较特殊的一组尝试，

主要还是基于空间意图，

因为画幅的形状也会影响到山水或者其他物象的布置。

比如说扇面，

如果要画一座桥，

可以画成拱形，

正好跟扇面的曲线匹配。

所以我想看看如何利用圆幅来表现山水，

让山体跟边界的关系更为契合。

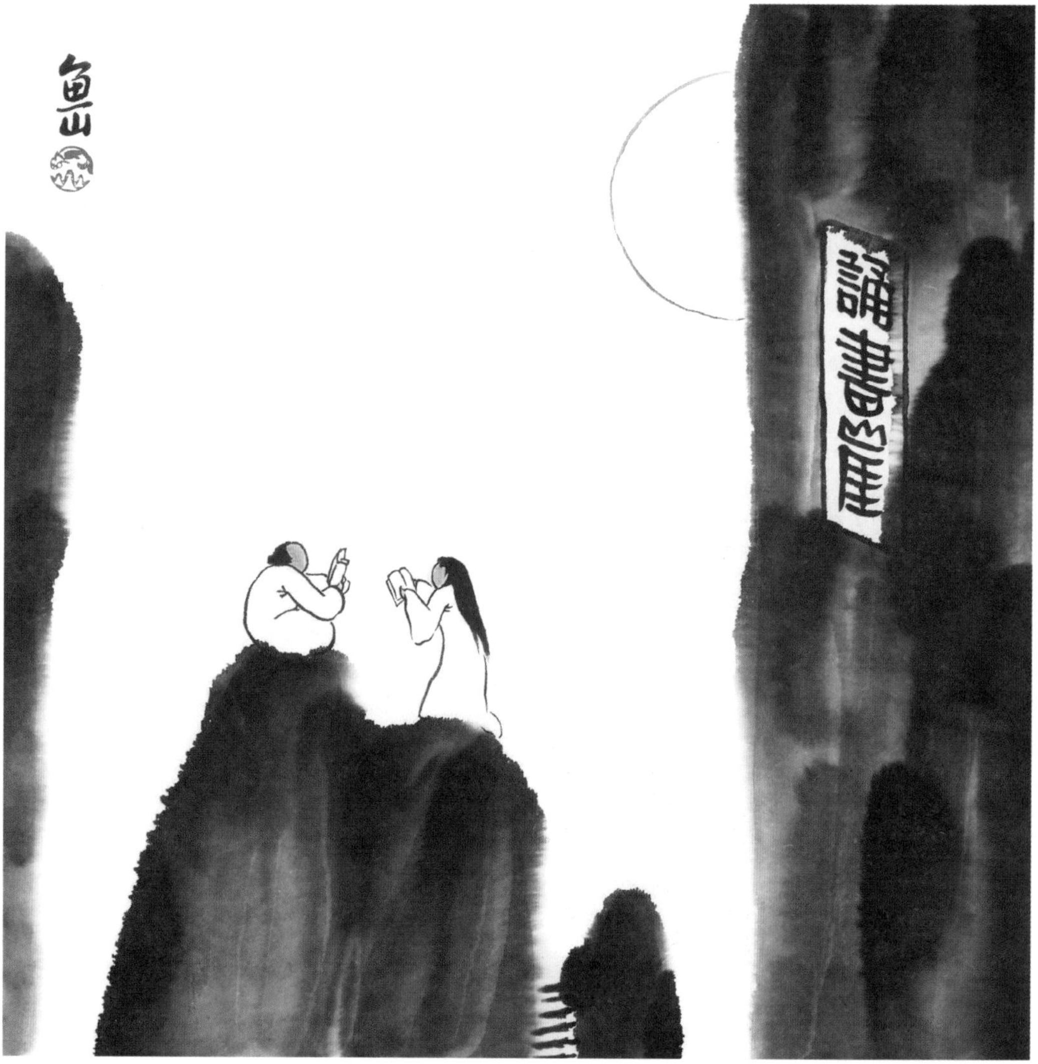
鱼山
誦書崖

险峰，

高人，

飞来飞去，

这是所有人小时候的幻想吧，

我也一样，

于是画了这么一个仙侠系列，

见笑。

"山水"不仅见于山水诗画，

也常见于日常生活，

比如用于观赏的湖石案头摆件、山水石纹屏，

或兼顾实用的博山炉、山形笔架。

我有次忽发奇想：

既然山水已经被符号化了，

何不将生活中的各类事物都拿来做一做对调置换呢？

于是画中就有了

像动物的山，

像植物的山，

像器物的山，

像音符的山。

这似乎是一种只有山水狂热分子才会有的思维乐趣，

日常事物像是被"山"所灵魂附体了。

草

间

和"幻园"苦苦经营出来的园子相比，"草间"所录小画，更像是闲时戏笔：随处拾来一个瓶罐或偷来一片花草，点以几个能上天入地的小人儿。这些草间趣事，虽然是微小景境，却没有想象的边界，没有时间和空间的约束，可以见到的，可以想到的，都用自由自在的方式呈现了出来。

小，未必真的小

在我的床头，一直挂着一幅九年前作的盈尺小画。画中有一位红脸的白衣先生坐在亭子里，独赏被山石花木环抱的略显老态的庭园风景，一只黄猫藏在山石洞穴内，青衣童子正端着茶盘穿过园门。画上还题写了当年的心境："一生无用与万物同娱，半亩荒园偷春意盎然。山石开合共花木抱怀，虫鸟相鸣知幽情往来。"人总有太多要苦苦追求的东西，也未必事事如愿。大不了就做个无用的人，怀拥山石花木，听虫鸟幽鸣，与天地万物为师友，不也是快乐的吗？这是我曾试想过的最无用无为的人生结局，似乎也不坏。

在百子甲壹的宋庄工作室常见彭乐乐（我们昵称她为彭姐）开心地折腾花花草草，屋里院外，推敲盆植的摆放，修枝换土，细心打理。那是她日常生活中非常重要的一部分。得益于此，无论寒冬酷暑，都能看见花开，赏心悦目。对不时新添的花草，也都十分好奇，问问它们的名字。很多花名现在已经忘记了，但它们动人的姿态，我还留有印象。

现在我自己的工作室也摆放了一些盆栽，在这些活得还算顽强欢快的植物中，我尤其喜欢从朋友齐毓杰的画室搬来的两米高的喜林芋，双株同盆，茎杆有节，墨绿的叶子厚阔如蕉。因为它生长太过旺盛，居然有了树木一般的体貌。我把它搁置在客厅沙发的转角处，大叶子可以掩罩坐客的身体。还经常为它擦洗叶面，保持容貌清雅。可惜二〇一七年秋天出游的一个多月，帮忙照料植物的邻居忘了为它浇水，这盆正值旺年的喜林芋不幸枯死。他事后诚恳的解释也让我哭笑不得："你屋里小一点的植物我都浇水了，但就是这棵大树，我偏偏没有看见。"这位邻居终日弓背伏案，醉心摹画枯蕾尸虫、锈钉碎瓷等被世人遗弃、遗忘的微小物什，这体型似树的喜林芋反而看不见了。他真是知小而忘大啊。

人对空间与时间的认知，客观上取决于所处所见、所知所觉，总有局限，难免顾此而失彼。《逍遥游》中，曾用翅体庞大的鲲鹏和以千万年为一个春秋的大椿，来比对小鸠和蟪蛄，讽刺一般人的局限性，赞美视野的广大无穷。只是现在我们更喜欢求大求远，往往忽视了对身边事物细微事物的观察感受，倒成了"知大忘小"。如果庄子生活在我们的时代，大概也要把故事反过来讲了。

"覆杯水于坳堂之上，则芥为之舟。"倒一杯水在堂前的洼地，放一根小草就可当舟船，人自然也可浮渡其上，洼池也就成了一片湖泽。小，未必真的小，也可以成为相对的大。清人沈复在《浮生六记》里也曾说："见藐小微物，必细察其纹理，故时有物外之趣。"沈复例举了童年时期所观察过的微小事物和曾有过的奇幻想象，如夏日的蚊子可以是腾云驾雾的白鹤，墙边凹凸的土堆和丛草是丘壑和树林，其间的虫蚁则有如山中野兽……这是孩童"窥视"小世界后，想象更为广阔的外部世界的一种方式。如今，我已成年，知道世界之大、历史之长，对身旁的微小事物、短小光阴却渐渐变得迟钝不察，沈复所言"物外之趣"只能是人的童年记忆么？

草间浮生

　　这一微观视角的再次打开，是在二〇一五年的初春二月。那段日子画"幻园"画得有些枯燥和寂寞，就画一些好玩的画来自娱消遣。最早的一组，是极其简单的小幅白描画，想象自己在山水或园林中逛着玩。或把自己画在峰尖上，摆开一个漂亮的白鹤亮翅；又或偷折了一枝柳条，开心地挥舞招摇。反正也没人管得着，尽管自顾自地在画里寻欢作乐。

　　没过多久，一位朋友邀我作一幅"案头风景"，我便参照画案上杂物摆设的模样画了一幅《案前悟园图》。除了瓶罐花草、杯盏书笔，画中最特别的就是几个游戏其间的小人，或在盆里泛舟，或在书中行游，瓶罐见如山石，花枝见如树木，小人与花草器物有了类似山水园林中的身体关系。这幅画，基本奠定了我所画"案头居游"类作品中人与物的大小，也确定了这类画的立意参照，即山水园林。后来所作案头诸画，都是把花草器物当成一个缩小的园林世界、山水世界来观想和经营，有意将大小不同的两个世界建立起连接。又慢慢在瓶罐上打开门窗，在花草间架出亭榭，小人们在其间嬉戏打闹、读书吃喝、洗浴晾衣、发呆恋爱，种种人间日常，仿佛片刻欢娱，又似天长地久。

　　当我慢慢开始以笨拙的笔触画下这些微小的人事往来，发现不仅对自己理解山水园林有补益，也为观察万事万物添了一种无比有趣的方式。我便又离开案头，去到室外的花圃、菜园、池塘、林道中，弯下腰细细观察，寻觅那些有趣的自然小景。看到特别的花草树叶、蝴蝶蜻蜓，也会采集回家，作为创作的模特。于是，昆虫、鱼鸟、瓜果、落叶……乃至风云雨雪，在日复一日的小心搬运下，悉数进到我的画里，与我一同感受四季变换。

画中人

　　草间的各种人物形象，也是按我画画的时间先后依次出场。先是我自己，一袭白袍，书生模样，实际很调皮。一个人玩得无趣，就招来了两个青衣童子，称其为"奇妙双童"，陪我读书，与我打闹。但童子还是太过稚嫩，下棋品茶这些高雅之事，还得有几个与之相称的人物，便又多了稳重点的白袍师友，经常会拄个拐杖，摆摆深沉。再后来，发觉如此美妙的草间生活居然少了男女之情，便很得体地给自己配了一位红衣姑娘，温婉可人，偶尔也会耍一耍小机灵。我也为她专门招了一位红衣女童，作为陪侍，可她偏偏不喜欢有人粘着，所以女童经常是待业状态，很少出现。终于有一日，白衣先生与红衣姑娘喜结连理，并有了一位可爱的千金。逢年过节，不得不拜访几位亲友，小千金也就有了爷爷奶奶、外公外婆、表兄表妹。有人觉得小千金没有玩伴，催我再添个弟弟，我迟迟不敢答应。多伺候一个小公子，可不是一句话那么容易的。

　　常有人问我，这些画中的人物，为什么一直都是红色的脸蛋？可能是因为现实中我还是个略微内向和腼腆的人吧。心手相连，所画的画，其实就是自己灵魂的一面镜子。红着脸害羞的样子，大概也不坏吧。

　　而小人儿为什么很少画五官，这和我画画的理念有关。宋人郭熙在《林泉高致》中所强调的山水画的创作者和鉴赏者所共用的标准"可行、可望、可居、可游"是我所有绘画中一直使用的标尺。构想画面内容的时候，首先想的是画里的人会怎么生活，身体怎么惬意。想象他们如何使用空间，使用花草器物，如何坐，如何卧，如何喝茶，如何读书，如何沐浴，如何搭房子？身体会呈现什么姿态？画画时，我还经常要摆一摆姿势，做一做自己的模特，才敢画不熟悉的肢体动作。而真实的观察和表达，自然会带出生动的故事来。当特定的故事和环境已经给了人物的身体一种准确的姿态，表情反而成了多余。所以，这些画中的人物，基本不画眉目，喜怒哀乐，全看身体姿态。有了环境经营对身体的密切关照，或已足够反映其居游之乐，此乐自不限于眉目。

园林，山水，也可以很年轻

　　画中的人物，大都是古人模样，大概是因为我爱好并研习中国古典园林，经常看些古代的山水画，读些古代的画论或各种古籍，还经常去山水里寻访古迹，画的画似乎也会染上点古意。很多人以为我是个老头子，其实我没那么老；很多人以为传统都是古老的，园林、山水画是古老的，其实它们也可以很年轻。画中所体现的人和自然的关系，我确实从古代吸收了很多。但是，人和自然的关系，难道不是从人类诞生就已存在，在我们死后百年千年仍会延续的关系吗？大自然永远是充满生机活力的。它既是传统的，也是现代的，既是古老的，也是年轻的。我希望自己的画，无古无今，不受限于时间。重要的不是时间的区隔，重要的是如何发现并得到真趣，是知道古代还有什么好东西值得我们一直延续下去。

　　最初在确定白袍先生的这身装扮之前，也拿着《芥子园画谱》里的人物临摹了不少，但觉得完全按画谱里古人的衣着入画还是有点拖泥带水，不够率真，也不符合自己干净利落的生活习惯。于是做了简化，把袖口、领子、腰腿都适当收紧，变得更轻便而易于活动。我一直没觉得自己是在画所谓的传统古风人物，我就是在画舒服自在的自己。如果非说白袍先生是古人，那也是个鲜活的古人，是个现代的古人。"古人"或也可指代一种心境，像古人一样渴慕山水林泉的心境。今人一样有这样的心境。这样一位"古人"，来回穿梭在古人和今人日常生活的故事场景里，确实也在有意抹去一切与时间有关的限定，模糊古今的差别，也弱化年龄的差异，好像只有一个东西在吸引着他——身体在自然万物中的无忧无虑。

画中的自然不只是一个观看的对象，而是与人的相互交融。画里有我喜欢的老子、庄子，也有儒家、佛家的思想痕迹，还有陶渊明、谢灵运、王维、苏东坡等历代文人的言行身影。将草间人事与西方或日本等国绘画中的一些拇指小人的故事相比较，虽然都有人物尺度的大小奇变，有花草器物的相似环境，但在精神诉求上还是有很大的不同。我所有绘画的精神面向，一直都是中国的山水，是我们延续千年的对自然的特殊情感和认识。

有朋友特意告诉我，家里的孩子喜欢看"幻园"里的山水园林，觉得新奇有趣。不过听闻最多的，还是大人和孩子争抢着看"草间"小画。很多人还会参照这些画，用画笔想象自己在日常所见花草器物之间如何戏耍和生活。他们学会用"以小见大"来观察和理解自然，学会人与自然的相互关怀照顾。这是很让我高兴的事情。尤其是孩子，让他们早早对花草敏感，对树木敏感，当他们长大，开始构想如何经营生活环境时，或许不会像我们现在这样慌乱无措、没有头绪，因为他们早已培养了许多身体与自然关系的经验，早已在他们想象的美好画境里生活过。很多逝去之物，在现代化的大潮中都无可挽回，好像人们不再懂得自然的情趣。但我不悲观。现代人可做的事情还很多，多在自然中观察体会，学习理解自然的规律，借鉴前人的见解，相信会有更多人探讨生活与自然之间的关系。我们也不能太着急，只能慢慢地修复这种诗意的与自然相栖相伴的价值认识，一点一滴地融入进日常生活。

把常见的器物当作建筑，开出门窗，

是这几张"案头生活"的整体思路。

这张画里的竹编，透光透风，

因此把它画成了浴室，可以看花，可以闻到香气；

不洗澡的时候，把帘子摘掉，就变成亭子。

画里的这几本书，是我常看的。

我喜欢的沈周和文徵明，《浮生六记》，

有关园林的《江南园林志》、《园冶注释》，

还厚着脸皮夹杂了一本自己的书——《幻园》。

这真的是一个"书房"。

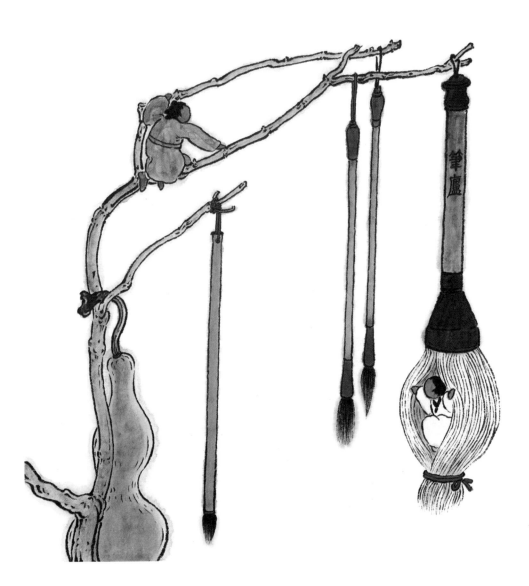

"草间"系列有不少动物。

我画动物不求写实，

主要关注的还是它们和周围环境之间的互动。

动物也像人一样，在它们所生活的花草间，

会产生很多有趣的身体活动，

像这幅画里的蜗牛，它勾过头来的样子，

和草的姿态就相互应和。

我的老家湖南有很多茶山，
小时候我常常跟着去山里玩。
现在也很喜欢喝茶，
少不了有几样跟茶有关的物件。
"茶浴"里的葫芦漏勺，
就是我自己做的茶漏，
平时喝茶都用它。

我们常说草木含情，

把山水草木和人对等看待，

但单看草木，可能很难体会出其中的意思。

把这一对小人儿安置于草木中，

他们之间的情意，

好似也映照出了草木之间的守护与关照。

此画的主角，何妨是那几茎草，一片叶。

古人写雨，

最爱是苏轼：

"黑云翻墨未遮山，

白雨跳珠乱入船。"

小时候但凡夏天遇着这样的雨，

不脱了衣服浇个透算不得痛快。

我很喜欢沈复对童年的一段回忆：

"余忆童稚时，能张目对日，明察秋毫。

见藐小微物，必细察其纹理，故时有物外之趣。

夏蚊成雷，私拟作群鹤舞空。

心之所向，则或千或百，果然鹤也。

昂首观之，项为之强。

又留蚊于素帐中，徐喷以烟，

使其冲烟飞鸣，作青云白鹤观，

果如鹤唳云端，怡然称快。"

这幅画正从《浮生六记》来。

大多数时候，

创作一幅画的一半时间都是在挠着头皮苦思冥想，

想不明白、想不透彻，就得喝口小酒，

落笔前再空喊几声壮胆鼓气，

所以我的案前常年放着几瓶酒。

也有构思了很久还没有进展的时候，

就索性搁笔，伏案小睡。

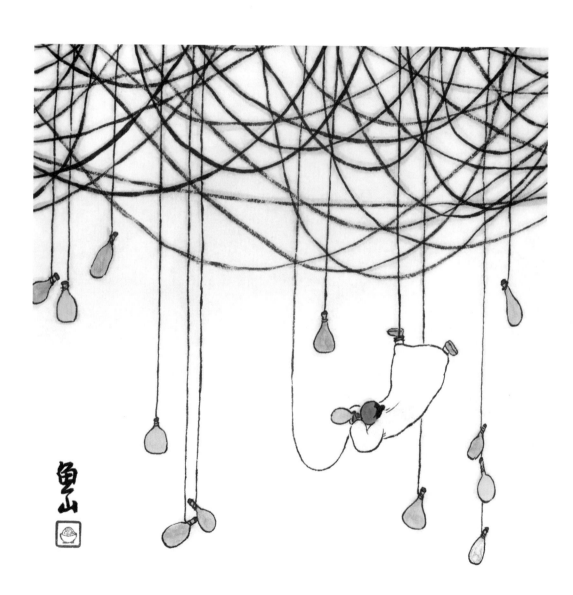

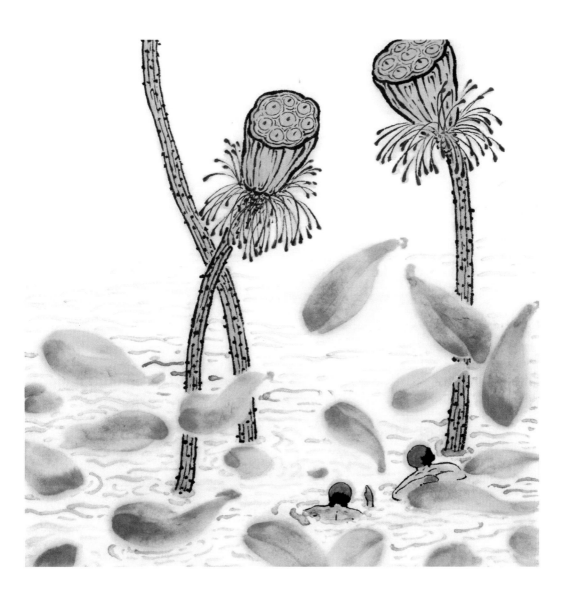

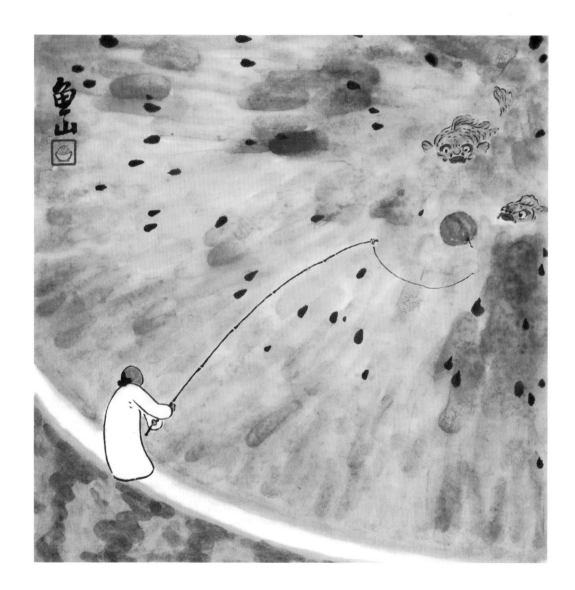

很多人觉得，

草间小人过的是神仙生活。

其实只是因为他们不像我们，

看云是云，看笔架是笔架，看西瓜是西瓜。

他们好像更聪明，更会玩。

脱去了对周遭物事的实用设定，

便得到了逍遥自在。

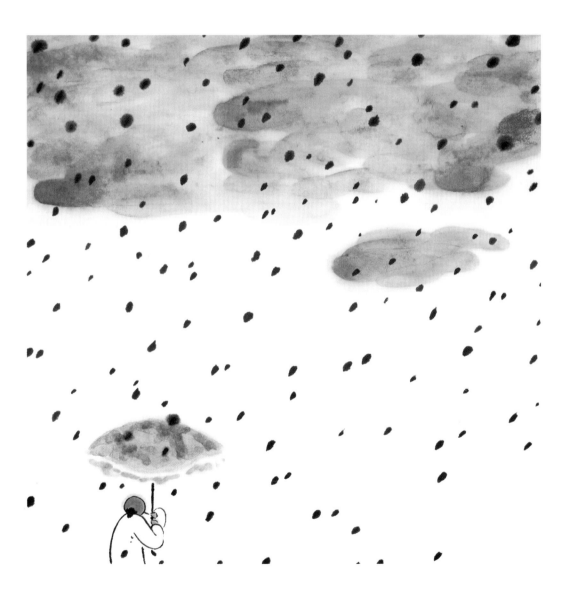

当你想象自己成为一个小人儿，

住在花草世界里头，

原本这么微小的花草，

却突然像山水世界一样朝你扑面而来。

但愿这些小画，

能让你获得一点点慰藉，

就像在真正的自然山水里那样。

字

间

小时候学习爬方格写方块字，和大多数人一样，不大能坐得住。等到年纪大一点，开始握着毛笔练习书法，情况好了一点，因为名家书帖里的汉字各具性格，临摹起来也多了些乐趣。不过临摹讲究法度的唐楷、汉隶还是缺少耐心，无法专恒，对篆书、草书这两种结构复杂、神鬼形迹般的字体，也是敬而远之。那时虽然性格内向，但也不爱强受束缚，对既不拘谨也不草率的行书渐渐有所偏爱。自中学开始，也喜欢自己捡石头、磨石头，执刀笔玩一玩篆刻，在方寸天地里经营好看又好玩的汉字。

　　书法和篆刻，一直是断断续续拾起的爱好，并没有太用力去钻研。直到二〇一四年我辞职赋闲，又开始偶尔治印，聊以自娱。把刻好的印章发到网上后，竟有一些友邻发邮件来询问是否可以定制。我那时没什么经济收入，便开始了这刻印卖印的营生。多亏小时候自学的这门手艺，此后一年都在靠它养家糊口。我曾调侃自己："和齐白石老爷子一样，也是靠为人治印来谋条生路。京城居，大不易，同为湖南人，便免不了磨这把小刀啊。"

　　在寸印上经营日久，不仅对汉字象形会意有更深体会，多认得了些古字，也还尝试着以画入印。比如高士驾鹤印、高士御龟印、高士迷舟印等，是取自最初所画"幻园"中的一些题材。也曾刻过一些有趣的动物形象，比如一只弓背立于拇指上的小猫，名之"拇指亦是我山头"。最难构思的，是如何将汉字与具体物象结合在一个印面之中。这需要充分利用汉字作为象形文字的特长，将有点抽象的部首偏旁，变得更接近事物原本的形象。既要保留文字原来的结构，又让它更具物象情态。比如"霸"字，我便有意把上部的"雨"刻画得很大，雨点很多，表现出大雨滂沱的气势。

我喜欢玩味印内微小的空间感知。印面虽小，方寸经营，但通过处理边框的虚实断续、线条的疏密开合、物象的内外呼应，便可以摆脱印面的大小约束，使得小印也可另辟出广阔天地。也正是治印刻章，让我对字有了细腻的认识，对"字画一体"的空间经营有了一定经验体会。游山逛园林时，观许多楹联匾额、摩崖石刻，都对应着生动的风景，字在景中，也在画里。尤其是摩崖石刻，借着山石多面的形体，在植物掩映之下，有着特殊的空间位置关系——原来，字的存在方式可以是空间性的，并可作为风景来看。

何不以山水为书法呢

那段相对孤寂的时间里，我躲在屋里，一面刻小印章，一面画着"幻园"的小画，偶尔用葫芦、竹子等做些有趣的小器物解闷。当时也在思考，如何为日后的园林研究建立一个相对完整的结构框架，如何打开绘画创作的思路。就中国传统文人画的创作而言，"诗、书、画、印"是需要画家兼修兼能的，这"四艺"也关联着对古典园林的综合认知。人们常说画画"功夫全在画外"。画与印，我已有浅识；诗与书，却还没有切实的积累。或许应该将四者都纳入创作的视野，才有可能触类旁通，才有可能迁想妙得。

于是，我开始重新读古诗词，散写些短小词句以自娱；也在画画间隙写写毛笔字，却仍然缺少耐心。后来游完黄山回到北京，那些山石奇姿在脑子里久久萦绕，伏案练字，想的却是山山水水。就这样漫不经心地写着写着，字慢慢出现了和黄山一样的山石形势。"何不以山水为书法呢？"我好像一下子找到了练字的快乐源泉，开始书写大字来模仿山石卧立横斜、平伏高险的各种样子，布局安排也学习山水画的疏密开合、贴边占角，使这些大字看上去都歪七倒八，却又相互勾连咬合。我还为这种书写方式总结了一句话："上倚下靠，左冲右突，放则游，收则居。势成有脉，书为山水意。"点明书写的立意是指向山水，要有山水体势和脉象。我一直把"山水居游"作为绘画创作的中心，使得落笔皆有面向，书写自然也向山水形意靠拢，有了相对开放多变的书写结构。

把字当作有生命的活物看待

我试着用这种"山水字"的方式写了一段日子，又觉得太过取巧，太容易了，像在掩饰自己对练字艰难的畏缩。它好像停在了一个点子、一个概念，难以深求奇趣，书法也难有更实质的进步。后来我出游各地的山水名胜，站在丰富多姿的摩崖石刻之下，或有章有法的碑林书刻之前，无不为之深深吸引和感动，也为自己的懒惰感到惭愧。于是又回家开始认认真真地临帖练字。

大概是因为长期自娱自乐的创作，我有了凡事都向老天爷讨要一点小情趣的顽习。二〇一六年夏天的一日，不经意地把几个单字从行列中拽了出来，并画下几个白衣小人与之嬉戏，顿时觉得纸上所见有趣了许多，字与人物都生动可爱起来。一个个原本固定不变的字体结构，有了空间层次和神情姿态，像是活了一般。我茅塞顿开，便陆续创作了很多"字画"，称之为"字系列"。这个专注于折腾字形字意的黑白系列，仿佛打开一个新的时空。练习毛笔字这件苦事，也越来越让我愉快。

既然汉文字诞生于象形、会意、指事，自然万物与文字同象同构，字的会意表达与人事人心紧密相连，许许多多的文字是否也自有灵性呢？何不将它们作为有生命的活物看待呢？写字分八面，但字间仍然是扁平的，何不尝试将字与字都立起来，相互提扶，像人开始学习直立行走那样呢？如此，可以来回走动的字就有了上下四方，字的空间变得立体，人的身体就可以进入。文字或词语，有其约定俗成，但我们也可以"字出新意"、"字由自在"。

还原"字"的生命特征或物象形态，是我最初的一类尝试。于是在"字画"里，燕蝶开始飞舞，猪狗开始奔跑，风云在空中搅动，雨雪在天上飘扬……还有如"無"、如"年"这类没有具体形象的字，我也会尝试结合人的特殊活动，来呈现其字形的含义。而一些大家熟悉的成语、歇后语，背后都是一些精短有趣的小故事，我试着将这些故事场景化，把词语中的字变成各具性格的角色，或作为故事人物所借用的道具、布景。画中所对应的词句有长有短，或将一些字退出隐藏，或将一些字按语义变形夸张，又或者借用谐音字补充替换意象，乍看似曾相识，细读必知晓其意。

白袍先生的进入，让文字能够被具体感知，尤其是动态的感知。字本来不是活物，只有形义声韵，需要识读才有感知的可能；而这些字间的人物，将字或举或抬、或拉或拽，本来不具备动态特征的字似乎也在迎合、也在闪躲。借助这种情态的互动，也许文字的特征更能被强烈地感知，在纸上跳荡。

经营"人"与"字"的来来往往，也算是一种对"意/象"的玩味。当我们明白了画内要表达的意思，知道了它们的故事，脑补了各种细节，甚至直接用现实中有具体情态的物象将画内的"字"置换掉，比如猪、狗、燕、蝶等动物，使其不再局限于文字简单的符号所指，而更容易把它们视为一个有特征个性的更为活泼的"象"与"意"的共同存在。由于经验的错位、识读的错觉，字已非字，象也非象，而是一个新的"意象"。

让身体一跃而入字间，形成由人物与文字共同构成的纯粹想象的景境，这也是一种对"身体入画"的追求。我有意将文字变得有内有外，也使它们像桌、椅、灯、台等可以使用的日常物件，像是建筑师在设计空间和家具布置。长期练习书法，又让我对篆、隶、草、行、楷等不同书体的特点有所认识，可以借用它们来变化演绎，完成各种不同的构境。

画字读诗

根据古代诗词而来的"字画",创作得比较晚,也比较难,但也让我最入迷。画得较多的是山水诗、田园诗、咏物诗,因为它们的物象比较丰富,画面感更强一些。在这些物象中,选择哪些"字"入画,哪些隐藏起来,需要反复揣摩。要找到诗中最打动人心的字眼,领会它们特殊的气息和意指,以及暗含的空间感知与身体感受。然后将这几个字或夸张变态,或置换语意,经营出空间、物象和人事,转化为可以观想的"字画"。

与单一的字词或成语、歇后语不同,诗词可以让我们进入一个独立空间,里头有情、有物、有思、有感,感受的层次很多。因此,仅仅营造出空间趣味,还不够,还希望能表达出一点点诗中的诗意。在沉迷于这类创作的日子里,我总是随身携带一本袖珍的《唐诗三百首》,不时拿出来翻看,想象诗人作诗的所见所闻,当时的姿态如何,心境又如何。诗人有不同的个性和情绪,即使同样的一个字,在不同的诗句中,呈现出来的性格也不同,"床前明月光"里的是一个月亮,"月落乌啼霜满天"里的又是另一个月亮。我构思这些"字"时,也尽力使它们更符合在诗句中的性格,希望整个"字画"营造出来的空间气氛,能贴近诗人当时的心境。这当然是很难的,诗的意境无穷,而字的演绎毕竟有限。有时稍觉满意,大部分时候难以做到,出来的作品数量并不多。不自量力地做下去,大概是出于一种好奇,想看看用这样的方式来呈现古老的诗词会是什么面貌。

　　创作这些"字画"就像是在玩游戏，汉字的横平竖直，基本笔画，就像砖块，能搭建出不同的空间，将字的结构略做增减或把笔画的位置变化一二，就能有不同的样子，而草隶行楷历代书体，也有各种面目。"字画"系列虽不工，但总算自出新意，不践古人，是一件快乐的事情。在这个提笔忘字的时代，习惯用手机按键来代替执笔书写的年代，或许仍然能找到一些有趣的方法，来识记和玩味祖先留下的文字。

有一些象形字，尤其是动物类，生活中习以为常，

看惯了就忘记它们原本还有象形会意这个功能，

而变成一个抽象的符号。

我尝试着把这样的文字变得更像一个活物，

能走会跳，能跑会飞，

让人联想起它们在生活中真实的样子。

比如"鹰"、"燕"、"蝶"，

当把它们像风筝一样放起来，

就更容易联想起鸟的特征，能飞。

三种动物又有不同的特点，

鹰更加威武，燕子更加轻盈，蝴蝶更爱扑腾，

所以我故意把"蝶"字放小放低，因为它飞不高。

魚山

雀　　雀雀雀雀雀

杆

雀

雀

鷄鷄鳩鳩
鵲鵲鵲
鷄鷄鷄

狗
尿

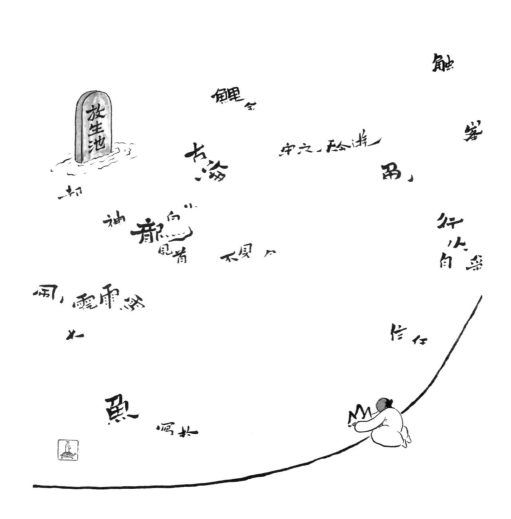

除了象形，

还有一些指事、会意的字，比较抽象，

也有一些字现在的意思已经不是创字时的原义，

而是被生活化了。

比如"无"、"年"或者"诗"、"词"、"曲"，

都很难用一种具体的形象来表现。

但既然与我们的生活有关，

也许可以用一件具体的事情来表达。

比如诗人在作诗的时候，总推敲酝酿，

这里就画了一个百年老窖。

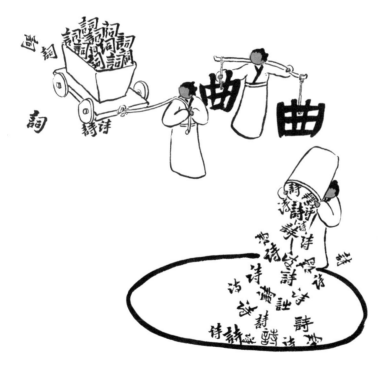

成语都是用比较少的字在讲小故事，

画成语的时候，

我考虑的也是如何利用字的特征，

画出一个个小故事。

一些有具体物象的字，

我把它更加具象化，

比如掩耳盗铃的"铃"，是挂成一排的，

守株待兔的"株"，长成一棵树。

这些都是很生活化的场景，

因为成语故事本身就是从生活中来的。

鈴 鈴 鈴 鈴 鈴

鱼山

株

兔

兔

兔兔兔
兔兔兔
兔兔兔兔兔
兔兔兔兔
兔兔兔兔兔
兔兔兔兔兔

歇后语，是要藏一句话在后面，
画歇后语的时候，
我也会藏一两个字，不画出来。
比如"自古华山一条道"，
"一条道"三个字没有说出来，
而是把"华"字那一笔拖得很长，
想要描绘那种独道奇险的感觉。

寧爲百夫長
勝作一書生

艮山

魚山

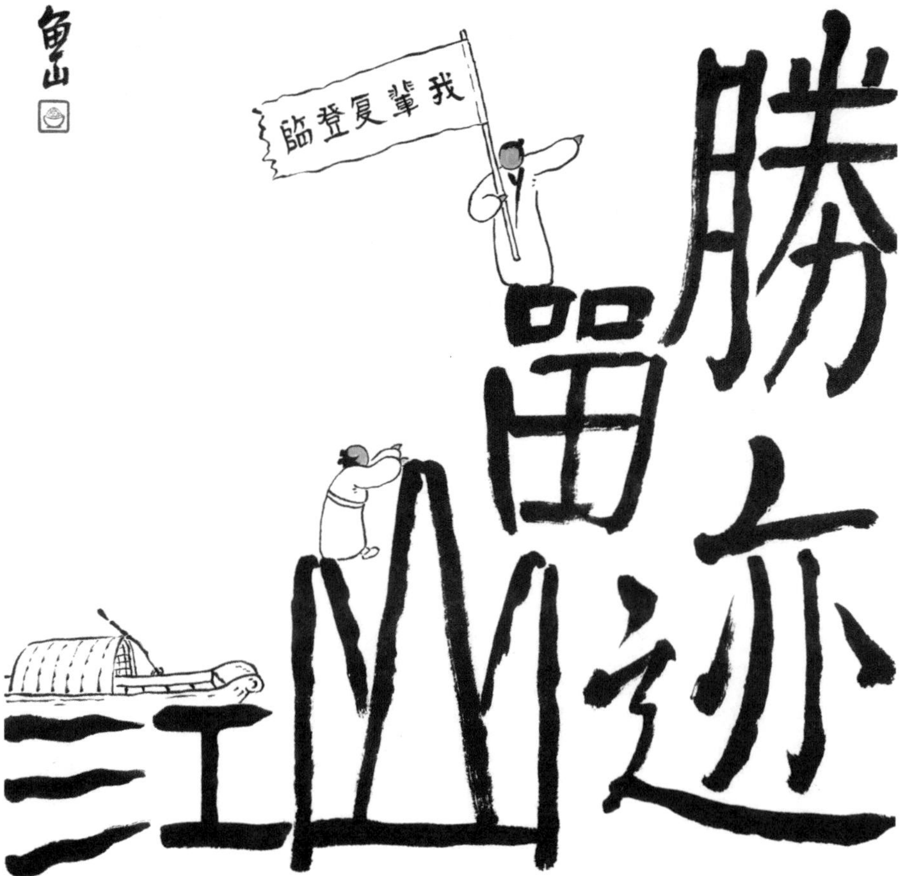
江山留勝迹
我輩复登臨
鱼山

車 廌 干

為看
鷄 鴨 竈 鷄

麻 叒 朿 龠 麻 朿 麻 桑

画诗歌，一定要有取舍，

要找到最重要的那几个字，

最能够代表这首诗，

能够提醒大家联想起这首诗。

它是诗中的诗眼，或者说是标志性的符号。

比如"空山不见人，但闻人语响"，

"空"的意境，在这首诗里是最要紧的，

所以把"空"字凸显出来：

独立于群山之上，人坐在上头，四周空空如也。

整句诗只取了两个字，

通过位置的经营去表达。

夜夜夜夜夜夜

風
雨
聲

龜山
花糕
花
花
花糕
花糕
花
花
花
花
花
花
花
花
花
花
花
花
花
花
花
花
花
花
花
花
花
花
花
花糕
花
花
花糕
花
花
花

床前明月光，疑是地上霜。

明月光 明月光 明月光 明月光
明月光 明月光 明月光
地上霜 明月光 地上霜 地上霜 地上霜
明月光 明月光 地上霜 地上霜 明月光 地上霜
地上霜 地上霜 地上霜 明月光 地上霜 明月光
明月光 地上霜 地上霜 明月光 地上霜
地上霜 明月光 地上霜

好的山水诗，是诗中有画，画中有诗，

我常常琢磨如何把诗中蕴含的画意也表现出来。

"明月松间照，清泉石上流"，

除了把字画得像松木、泉水和石头，

还要表现出清泉流动的曲折，

明月松间的位置关系，

这是这首诗的画面感所在。

为了表达出这幅画中蕴含的诗意，

还添置了一个人。

那么样一个人，月出时分走在路上，

在这些物象中间，有点孤寂又有点愉悦，

就有那么点意思了。

一

無情多情

長

朝月乀朝暮暮

"飘飘何所似，天地一沙鸥"是我比较喜欢的一幅，
物象和意境都尽量让它们贴合，
"天"和"地"的位置，
"沙鸥"的鼻子眼睛嘴巴爪子翅膀，
还有后面跟着的小人。
这个小人或许就是诗人本身。
诗人说"飘飘何所似"，
本来是在形容江湖飘零的悲伤情怀，
这里却真的像沙鸥一样在飞，
好像这首诗也多了点逸趣。

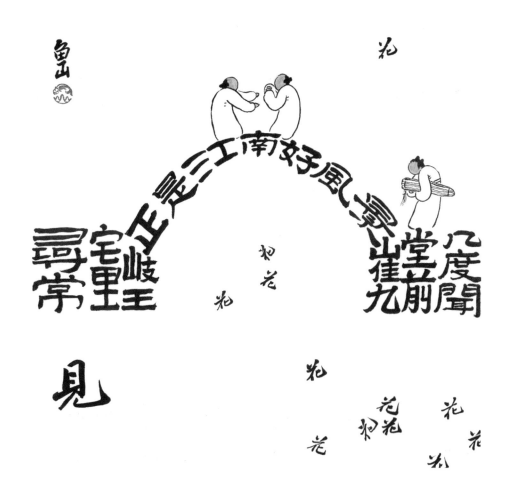

正是江南好風景

尋常百姓家

岐王宅裏

崔九堂前

几度聞

落花時節又逢君

見

"云深不知处"这句诗我提到过很多次，

这个场景也一直在画，

到了"字系列"还在画，

因为它和"山水"有关。

我所有的创作，

不管是"幻园"、"山间"，

还是"草间"、"字间"，

都有"山水"的思考在里面。

只要是山水诗，

我都会尝试把它变成山水画，

只不过这里是用文字的方式来结构。

曾仁臻，号鱼山，生于湖南永州。中学时代起自习绘画、书法、治印，偏爱范宽、沈周、文徵明、石涛。本职并非画家，而是建筑师，曾在北京百子甲壹建筑工作室多年。于2014年成立幻园工作室，创作了大量有关中国园林、山水、空间与人的关系的画作。已出版《幻园》、《幻园　第二辑：借天工》、《草间居游》。